ISW Forschung und Praxis

Berichte aus dem Institut für Steuerungstechnik
der Werkzeugmaschinen und Fertigungseinrichtungen
der Universität Stuttgart

Herausgeber: Prof. Dr.-Ing. G. Pritschow

Band 66

Werner Swoboda

Digitale Lageregelung für Maschinen mit schwach gedämpften schwingungsfähigen Bewegungsachsen

Springer Verlag
Berlin Heidelberg New York Tokyo 1987

D 93

Mit 76 Abbildungen

ISBN-13: 978-3-540-18101-9   e-ISBN-13: 978-3-642-48029-4
DOI: 10.1007/978-3-642-48029-4

2362/3020-543210

Geleitwort des Herausgebers

In der Reihe „ISW Forschung und Praxis" wird fortlaufend über Forschungs-
ergebnisse des Instituts für Steuerungstechnik der Werkzeugmaschinen und
Fertigungseinrichtungen der Universität Stuttgart (ISW) berichtet, das sich in
vielfältiger Form mit der Weiterentwicklung des Systems Werkzeugmaschine
und anderer Fertigungseinrichtungen beschäftigt. Die Arbeiten dieses Instituts
konzentrieren sich im besonderen auf die Bereiche Numerische Steuerungen,
Prozeßrechnereinsatz in der Fertigung, Industrierobotertechnik sowie Meß-,
Regel- und Antriebssysteme, also auf die aktuellsten Bereiche der Fertigungstechnik. Dabei stehen Grundlagenforschung und anwenderorientierte
Entwicklung in einem stetigen Austausch, wodurch ein ständiger Technologie-
transfer zur Praxis sichergestellt wird.

Die Buchreihe erscheint in zwangloser Folge und stützt sich auf Berichte über
abgeschlossene Forschungsarbeiten und Dissertationen. Sie soll dem Inge-
nieur bei der Weiterbildung dienen und ihm Hilfestellungen zur Lösung spezifi-
scher Probleme geben. Für den Studierenden bietet sie eine Möglichkeit zur
Wissensvertiefung. Sie bleibt damit unter erweitertem Namen und neuer Her-
ausgeberschaft unverändert in der bewährten Konzeption, die ihr der Gründer
des ISW, der leider allzu früh verstorbene Prof. Dr.-Ing. G. Stute, im Jahre 1972
gegeben hat.

Der Herausgeber dankt der Druckerei für die drucktechnische Betreuung und
dem Springer Verlag für Aufnahme der Reihe in sein Lieferprogramm.

G. Pritschow

Vorwort

Die vorliegende Arbeit entstand während meiner Tätigkeit
als wissenschaftlicher Mitarbeiter am Institut für Steuerungstechnik der Werkzeugmaschinen und Fertigungseinrichtungen der Universität Stuttgart.

Herrn Prof. Dr.-Ing. G. Pritschow, dem Leiter des Institu-
tes danke ich für die wohlwollende Unterstützung und Förde-
rung während des Entstehens dieser Arbeit.

Herrn Prof. Dr.-Ing. G. Lein gilt mein Dank für die einge-
hende Durchsicht und die sich daraus ergebenden Hinweise.

Ein besonderer Dank gilt Herrn Prof. Dr.-Ing. A. Storr, der
in fachlichen Gesprächen mit wertvollen Anregungen zum
Gelingen dieser Arbeit beigetragen hat.

Zu danken habe ich aber auch allen Mitarbeitern des Insti-
tutes, die durch kritische Bemerkungen und wertvolle Dis-
kussionen zum Gelingen der Arbeit beigetragen haben, insbesondere den Herren Dipl.-Ing. M. Egner und Dipl.-Ing. K.H.
Wurst.

Werner Swoboda

Inhalt

Formelzeichen und Abkürzungen

Einige Formelzeichen und Abkürzungen, die nur an einer
Stelle verwendet werden und dort erklärt sind, wurden nicht
in dieses Verzeichnis aufgenommen.

Formelzeichen:

$\underline{a}$	Parametervektor
a_ν	Nennerkoeffizienten einer diskreten Übertragungs-funktion
a_F	Führungsbeschleunigung
a_i	Ist-Beschleunigung
a_{io}	Driftbehaftete Ist-Beschleunigung
a_{Mi}	Motor-Moment
$\underline{A}$	Zustandsmatrix des diskreten Systems
$\underline{A}_0$	Zustandsmatrix des kontinuierlichen Systems
b_ν	Zählerkoeffizienten einer diskreten Übertragungs-funktion
$\underline{b}$	Steuervektor des diskreten Systems
$\underline{b}_0$	Steuervektor des kontinuierlichen Systems
$\underline{b}_z$	Störvektor des kontinuierlichen Systems
c_{0A}	Dynamische Steifigkeit des Drehzahlregelkreises
c_{0m}	Mechanische Steifigkeit
C_K	Maß für die Rückwirkung der mechanischen Übertra-gungsglieder auf den Drehzahlregelkreis
C_ν	Beobachterkoeffizienten
d_ν	Nennerkoeffizienten einer kontinuierlichen Übertra-gungsfunktion
D	Dämpfungsgrad eines Verzögerungsgliedes 2. Ordnung
D_H	Dämpfungskonstante der Grenzkurve H
D_{0A}	Dämpfungsgrad des drehzahlgeregelten Motors
D_{0m}	Dämpfungsgrad der Grundschwingung der mechanischen Übertragungsglieder
$\underline{E}$	Fehler-Matrix
f	Frequenz
G	Operator einer Übertragungsfunktion
G_ν	Beobachterkoeffizienten

G_H Übertragungsfunktion eines Hochpaßfilters

G_v Vorgabeübertragungsfunktion

H Komplexe Grenzkurve

H_v Beobachterkoeffizienten

I Wert eines Gütekriteriums

I_{SEV} Quadratische Vergleichsregelfläche

I_{SEVB} Quadratische Vergleichsregelfläche; Bezugsgröße

J Trägheitsmoment

J_{Mg} Motorseitig wirkendes Trägheitsmoment

k Abtastschritt

k_v Bezogene, normierte Elemente des Rückführvektors

K_s Lage-Sollwert-Gewichtung

K_v Geschwindigkeitsverstärkung des Lageregelkreises

$\underline{K}$ Vektor der Rückführkoeffizienten des Zustandsreglers

K_V Elemente des Rückführvektors

$\underline{L}$ Zustandsmatrix des Beobachters

m_Z Störmoment, normiert

$\underline{M}$ Meßmatrix des Beobachters

n Systemordnung

$\underline{N}$ Steuermatrix des Beobachters

N_v Nennerpolynom der vorgegebenen Übertragungsfunktion

p Komplexe Variable

P Auf eine Bezugsfrequenz normierte komplexe Variable

q_v Diagonalelemente der Bewertungsmatrix $\underline{Q}$

$\underline{Q}$ Bewertungsmatrix der Zustandsgrößen

r Bewertung der Steuergröße

R_d Regelfaktor

$\underline{s}$ Vektor der Empfindlichkeitsfunktionen

$\underline{S}$ Bewertungsmatrix der Empfindlichkeitsfunktionen

t Zeitvariable

t_{OA} Dimensionslose Zeitvariable, bezogen auf ω_{OA}

t_v Verzugszeit, Signallaufzeit

T Abtastzeit

T_{an} Anregelzeit

T_H Zeitkonstante eines Hochpaßfilters 1. Ordnung

T_R Reaktionszeit

u_B Bahngeschwindigkeit

u_i Ist-Geschwindigkeit des Vorschubantriebes

u_{Mi} Ist-Geschwindigkeit des Motors

u_s Soll-Geschwindigkeit

$\ddot{u}_a$ Überschwingweite

$\underline{v}$ Vektor der geschätzten Zwischengrößen

$\underline{x}_a$ Vektor der geschätzten Zustandsgrößen

x_i Lage-Istwert (direkt gemessen)

x_{Mi} Lage-Istwert (indirekt an der Motorwelle gemessen)

x_s Lage-Sollwert

x_{sv} Vergleichsfunktion

$\underline{x}$ Zustandsvektor

$\underline{x}_v$ Schätzvektor

X Achskoordinate

$\underline{y}$ Ausgangsvektor

z Komplexe Variable z-transf., zeitdiskr. Funktionen

$\underline{z}$ Vektor der Störgrößen

Γ Polgebiet mit vorgeschriebener Mindestdämpfung

Θ Parametervektor

τ_L, τ_R Linke bzw. rechte reelle Grenze des vorgeschriebenen Polgebietes

η Auf die Eigenfrequenz des Drehzahlregelkreises normierte Grundschwingung der mechanischen Übertragungsglieder

φ Drehwinkel

Ω Reale, auf das Nominalsystem bezogene Kennkreisfrequenz des Antriebs

ω_b Bezugsfrequenz

ω_H Kreisfrequenz der Grenzkurve H

ω_{0A} Kennkreisfrequenz des drehzahlgeregelten Motors

ω_{0m} Kennkreisfrequenz der mechanischen Übertragungsglieder, Grundschwingung

ω_{0V} Vorgabe-Kreisfrequenz

ω_{1m} 1. Oberschwingung der mechanischen Übertragungsglieder

$'$ Symbol für transponierte Matrix bzw. transponierten Vektor

$\land$ Symbol für eine Schätzgröße

<u>Mehrfach verwendete Indizes:</u>

i	Istwert
m	mechanisches System
A	Antrieb
max	Maximalwert
min	Minimalwert
s	Sollwert
N	Nominalsystem
opt	Optimal

<u>Abkürzungen:</u>

A/D	Analog/Digital
D/A	Digital/Analog
GS	Gleichstrom
I	Integral-
IR	Industrieroboter
NC	Numerical Control
Nom	Nominalsystem
P	Proportional-
PI	Proportional-Integral
VZ-2	Verzögerungsglied 2. Ordnung
Z	Zustands-

1   Einführung in die Problemstellung

Numerisch gesteuerte Arbeitsmaschinen verfügen im allgemeinen über Bewegungsachsen mit Einrichtungen zur Lageregelung. Zur Umsetzung eines geforderten Bewegungsablaufs haben diese ihren Lageführungsgrößen möglichst verzerrungsfrei zu folgen. Als reale Systeme besitzen Lageregelungen jedoch aufgrund ihrer Elemente zur Energiewandlung und ihrer mechanischen Komponenten eine Eigendynamik, so daß sich diese Forderung nur näherungsweise und auch dann nur in einem bestimmten Frequenzbereich erfüllen läßt.
Die daraus resultierenden dynamischen Bahnabweichungen sind abhängig

- vom Verlauf der Führungsgrößen und
- vom Übertragungsverhalten aller an der Bahnerzeugung beteiligten Maschinenachsen /1/,/2/,/3/.

Aufgrund der Forderung nach stetiger Verbesserung der Wirtschaftlichkeit bei gleichzeitig hoher Fertigungsqualität werden Arbeitsmaschinen zunehmend für höhere Bearbeitungsgeschwindigkeiten ausgelegt. Da die absolute Größe der dynamischen Bahnabweichung proportional zur Bahngeschwindigkeit wächst und diese im wesentlichen nur durch entsprechendes Anheben der Bandbreite des Lageregelkreises ausgeglichen werden kann, steigen ständig auch deren dynamische Anforderungen /4/.
Zwar stellt die moderne Antriebstechnik dynamische Motoren zur Verfügung, die den erhöhten Anforderungen im allgemeinen gewachsen sind; als schwächstes Glied innerhalb des Lageregelkreises erweist sich jedoch immer häufiger die Mechanik der Maschinen, deren Eigendynamik sich aus konstruktiven Gründen nicht beliebig anheben läßt.
Die "klassische" Struktur einer Lageregelung mit Proportional-Lageregler und unterlagerten Geschwindigkeits- und Stromregelkreisen - bisher Standardlösung sowohl bei Werkzeugmaschinen als auch bei Industrierobotern - versagt insbesondere dann, wenn die Eigenschwingungen der mechanischen Übertragungsglieder zusätzlich schwach gedämpft

sind, da keinerlei Möglichkeiten zur Beeinflussung der Dämpfungseigenschaften vorhanden sind /5/. Für solche, mit Methoden der "klassischen" Lageregelung nicht befriedigend zu lösenden Problemfälle haben sich moderne Regelverfahren, wie z.B. die Zustandsregelung als wirksam erwiesen /6/, /7/, /8/,/9/.

Erleichtert wird dies vor allem durch den Einsatz von leistungsfähigen Mikrorechnern, mit deren Hilfe auch komplexe Regelstrategien mit vertretbarem gerätetechnischem Aufwand zu realisieren sind.

Problematisch ist aber nach wie vor die praktische industrielle Anwendbarkeit, die im wesentlichen durch folgende Punkte erschwert wird:

Es existiert eine Vielzahl von Entwurfsverfahren zur Festlegung der Reglerkoeffizienten, mit deren Hilfe - rein theoretisch - ein beliebiges dynamisches Verhalten des Regelkreises erzielt werden kann /10/. Geklärt ist allerdings nicht, wie diese im praktischen Gebrauch beim Entwurf von Lageregelungen mit schwingungsfähigen mechanischen Übertragungsgliedern einzuordnen sind, d.h.

- wie sich Fehler zwischen Entwurfsmodell und realer Regelstrecke auswirken,
- wo die Grenzen der Regelungen liegen und worauf sie zurückzuführen sind,
- welche Verfahren eine rasche, mikrorechnergestützte Inbetriebnahme erlauben.

Ziel dieser Arbeit ist daher die Entwicklung und Untersuchung von Regelungen und Entwurfsmethoden, die ein befriedigendes Regelverhalten von derartigen Lageregelkreisen gewährleisten.

Aus diesem Grund soll die Beurteilung der Regelungen vor allem im Hinblick auf ihre praktische Einsatzfähigkeit erfolgen.

Wesentliche Kriterien sind deshalb u.a.:
- die erreichbare Dynamik,
- die Parameter- und Strukturempfindlichkeit
  der Entwurfsverfahren,
- der Realisierungsaufwand der Regelung.
- der Inbetriebnahmeaufwand.

2 Digitale Lageregelungen unter Berücksichtigung einer schwach gedämpften, schwingungsfähigen Mechanik

2.1 Kaskadenstruktur

Für die Lageregelung der Vorschubantriebe an NC- Arbeitsmaschinen ist eine Kaskadenstruktur als Standardlösung ein-
geführt mit proportional wirkendem digitalem Lageregler und
unterlagertem Geschwindigkeitsregelkreis mit Proportional-
Integral-Verhalten sowie gegebenenfalls einer weiteren
unterlagerten Ankerstromregelschleife (Bild 2.1).

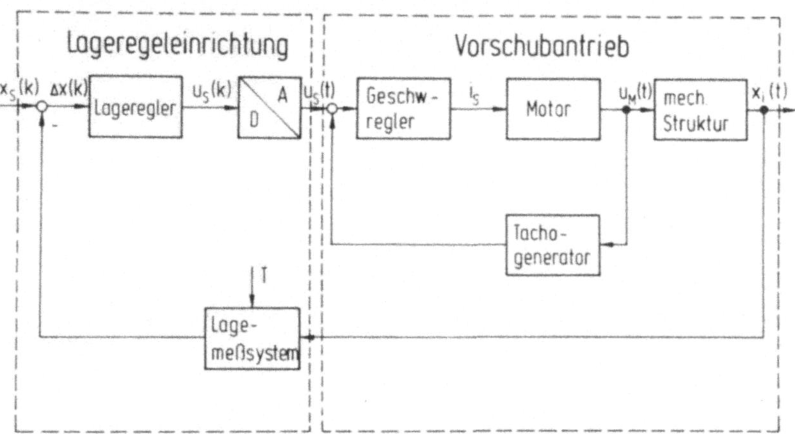

<u>Bild 2.1:</u> Signalflußplan einer konventionellen digitalen
Lageregelung mit unterlagertem analogem Geschwindigkeitsregelkreis

x_S Lage-Sollwert u_S Soll-Geschwindigkeit
x_i Lage-Istwert u_{Mi} Motordrehzahl
Δx Lage-Differenz T Abtastzeit

Die Einrichtung zur Lageregelung - in der Regel Bestandteil
der NC (<u>N</u>umerical <u>C</u>ontrol)- umfaßt dabei den eigentlichen
Regler, das Lagemeßsystem und als Signalumsetzer i. allg.
einen Digital-/Analog-Wandler (DA).

Hierbei wird der Lage-Istwert x_i zyklisch alle T Sekunden erfaßt und mit dem steuerungsintern erzeugten Lage-Sollwert x_s verglichen. Die hieraus resultierende Lageabweichung Δx wird mit der Geschwindigkeitsverstärkung K_v gewichtet und unmittelbar über die analoge Schnittstelle als Stellgröße u_s an die Bewegungsachse ausgegeben.

Diese einfache Reglerstruktur - ursprünglich entwickelt für gut gedämpfte Werkzeugmaschinenantriebe - versagt bei mechanischen Systemen mit niedrigen und schwach gedämpften Eigenfrequenzen, da der Regler nicht in der Lage ist, dämpfend auf die Eigenschwingungen der Regelstrecke einzuwirken /5/.

Zur Verbesserung der dynamischen Eigenschaften wurde bisher in der Mehrzahl der bekannten Veröffentlichungen dieses Regelkonzept modifiziert. So wird in /12/ durch Einsatz eines auf die Eigenfrequenz des mechanischen Schwingers abgestimmten Sperrfilters eine Erhöhung der Bandbreite des Regelkreises erreicht, eine Methode, die nur unter der Voraussetzung zum Erfolg führt, daß diese mechanische Eigenfrequenz erheblich über der Bandbreite des Lageregelkreises liegt.

Als weitere Modifikation wird zur Schwingungsdämpfung die gewichtete Differenz zwischen Ist-Drehzahl u_i und Motordrehzahl u_{Mi} aufgeschaltet /13/, /14/, /15/. Weiterhin wird in der Literatur zur Regelung von Radioteleskopen die Rückführung der Ist-Beschleunigung a_i vorgeschlagen /16/, /17/. Diese letztere Variante, dargestellt auch in /5/, soll im weiteren mit der Zustandsregelung verglichen werden.

2.2 Zeitdiskrete Zustandsregelung

Im Gegensatz zu den in Abschnitt 2.1 genannten Reglerstrukturen, bei denen nur wenige Regelgrößen rückgeführt werden, nützt der Zustandsregler zur Beeinflussung der Dynamik sämtliche Informationen bezüglich des Systemzustandes der Regelstrecke, indem alle Zustandsgrößen $x_\nu (\nu = 1, \ldots, n)$ zu den Abtastzeitpunkten kT durch proportionale Verstärkungsfaktoren gewichtet aufgeschaltet werden; der Zustandsregler impliziert die vorher genannten Reglerstrukturen.

Die Anwendung der Entwurfsverfahren setzt i. allg. eine lineare, zeitinvariante und steuerbare Regelstrecke voraus. Das Modell der Bewegungsachse wird in Form einer kontinuierlichen Vektordifferentialgleichung der Ordnung n

$$\frac{d\underline{x}(t)}{dt} = \underline{A}_0\,\underline{x}(t) + \underline{b}_0\,u_s(t) \tag{2.1}$$

mit der Ausgangsgleichung

$$\underline{y}(t) = \underline{C}\,\underline{x}(t) \tag{2.2}$$

formuliert. Hierbei ist $\underline{x}$ der Zustandsvektor, u_s die Stellgröße der Regelstrecke, d.h. der Geschwindigkeitssollwert, $\underline{A}_0$ die Zustandsmatrix und $\underline{b}_0$ der Steuervektor des kontinuierlichen Systems. Die s meßbaren Größen sind im Ausgangsvektor $\underline{y}$ zusammengefaßt, deren Abhängigkeit von den Zustandsgrößen $\underline{x}$ durch die Ausgangsmatrix $\underline{C}$ beschrieben wird ($\underline{I}$ Einheitsmatrix).

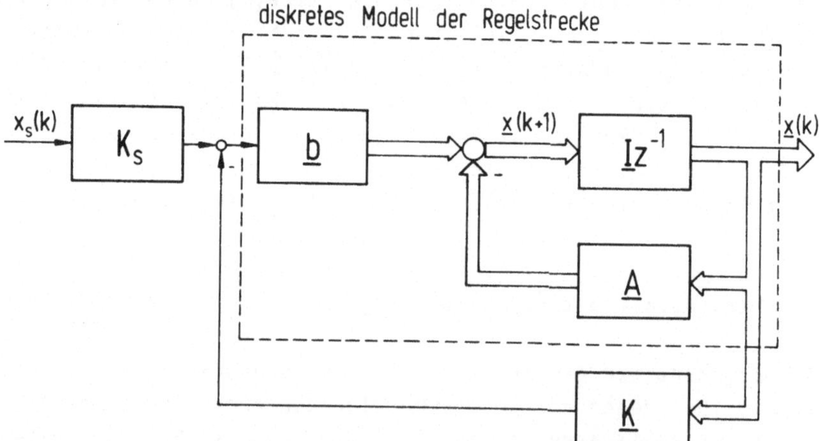

Bild 2.2: Diskrete Zustandsregelung mit vollständig meßbarem Zustandsvektor

Für den Entwurf zeitdiskreter, digitaler Regelungen kann dieses System für die Abtastzeit T mit Hilfe eines Diskretisierungsalgorithmus /10/ in die Form einer Zustandsdifferenzengleichung

$$\underline{x}(k+1) = \underline{A}\,\underline{x}(k) + \underline{b}\,u_s(k) \qquad (2.3)$$

$$\underline{y}(k) = \underline{C}\,\underline{x}(k) \qquad (2.4)$$

gebracht werden, mit $\underline{A}$ als der Zustandsmatrix und $\underline{b}$ als dem Steuervektor des diskreten Systems. (Zur Vereinfachung der Darstellung wird abkürzend anstelle des Abtastzeitpunktes kT nur der Abtastschritt k eingesetzt.)*

Falls zunächst angenommen wird, daß alle Zustandsgrößen meßtechnisch erfaßbar sind, ergibt sich für ein Eingrößen-Abtastsystem nach Gl. 2.3 die Stellgröße u_s aus den Zustandsgrößen $\underline{x}$ und dem Lage-Sollwert x_s zu

$$u_s(k) = -\underline{K}'\,x(k) + K_s\,x_s(k), \qquad (2.5)$$

so daß die dem Entwurf zugrundeliegende Struktur der Lageregelung durch das in __Bild 2.2__ gezeigte Blockschaltbild darstellbar ist (´ ist das Symbol für eine transponierte Matrix).

---

*

Da die Regelung von einem Rechner durchgeführt wird, erfolgt die Abtastung von Ein- und Ausgangssignalen strenggenommen nicht synchron, sondern um die Reaktionszeit T_R verschoben, die der Regelalgorithmus benötigt, um aus den eingelesenen Istgrößen die Stellgröße zu berechnen. Diese Reaktionszeit ist im Vergleich zur Abtastzeit klein und kann näherungsweise bereits bei der Approximation des kontinuierlichen Regelstreckenmodelles berücksichtigt werden.

Während die Eigenwerte des geregelten Systems, welche die Gleichung

$$\det (z\underline{I} - \underline{A} + \underline{b}\underline{K}') = 0 \qquad (2.6)$$

erfüllen, unter der Voraussetzung der Steuerbarkeit, beliebig festzulegen sind, bleiben die Nullstellen bei Eingrößensystemen unverändert /18/, so daß zur weiteren Beeinflussung des Führungsverhaltens ggf. ein Führungsfilter anzuwenden ist.

In der Regel ist es aus technischen oder wirtschaftlichen Gründen nicht möglich, alle Zustandsgrößen meßtechnisch zu erfassen. Eine Möglichkeit, sämtliche Systemzustände zu ermitteln, besteht darin, mit Hilfe eines Identitätsbeobachters das gesamte Modell der Regelstrecke nachzubilden und an diesem Modell die einzelnen Zustandsgrößen abzugreifen /19/.

Da stets einige Zustandsgrößen, wie z.B. der Lage-Istwert x_i oder die Motordrehzahl u_{Mi}, als leicht meßbare Größen vorliegen, werden diese Zustandsgrößen unnötigerweise berechnet. Zur Vermeidung dieses höheren Realisierungsaufwandes werden Beobachter reduzierter Ordnung eingesetzt /19/. Bei s meßbaren Zustandsgrößen sind damit nur (n-s) Zustandsgrößen zu bestimmen. Dieser Beobachter reduzierter Ordnung hat die Form

$$\hat{\underline{x}}_a(k) = \hat{\underline{v}}(k) + \underline{E}\ \underline{y}(k) \qquad (2.7)$$

$$\hat{\underline{v}}(k+1) = \underline{L}\hat{\underline{v}}(k) + \underline{M}\underline{y}(k) + \underline{N}\ u_s(k) \qquad (2.8)$$

$\hat{\underline{x}}_a$ (n-s) Vektor der geschätzten Zustandsgrößen
$\hat{\underline{v}}$ (n-s) Zustandsvektor des Beobachters
$\underline{y}$ (s) Meßvektor
$\underline{E}$ (s x (n-s)) Fehlermatrix
$\underline{L}$ ((n-s) x (n-s)) Beobachter-Zustands-Matrix
$\underline{M}$ ((n-s) x s) Fehler-Matrix
$\underline{N}$ (n-s) Beobachter-Führungs-Vektor,

so daß die Struktur des Regelsystems durch das Blockschaltbild nach <u>Bild 2.3</u> dargestellt werden kann.

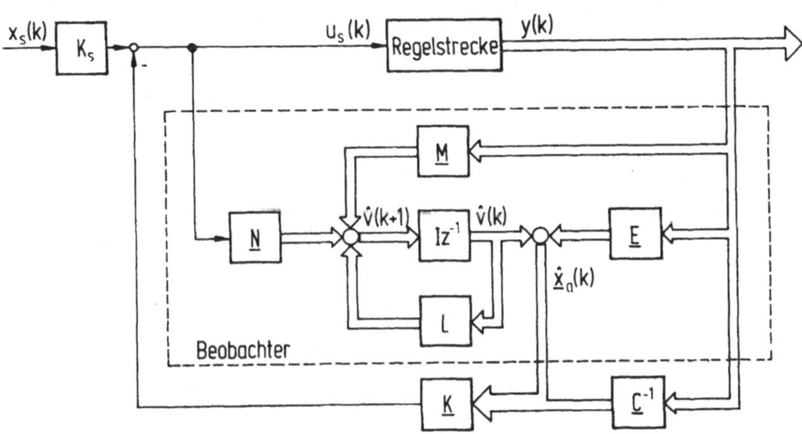

Bild 2.3: Zeitdiskrete Zustandsregelung mit Beobachter
reduzierter Ordnung

3   Entwurfsverfahren

3.1   Standardverfahren zur Optimierung von Zustandsregelungen

3.1.1   Entwurf mit Hilfe eines quadratischen Gütekriteriums

Ein häufig angewandtes Verfahren zur Synthese von Zustandsregelungen ist die Optimierung mit Hilfe eines quadratischen Gütekriteriums /10/. Dieses läßt sich für ein lineares, zeitinvariantes Eingrößen-Abtastsystem nach Gl 2.3 und zur Realisierung einer konstanten Zustandsvektor-Rückführung i. allg. durch eine Gütefunktion der Form

$$I = \sum_{k=0}^{\infty} (\underline{x}'(k) \, \underline{Q} \, \underline{x}(k) + r \, u_s^2(k)) \tag{3.1}$$

$\underline{Q}$ (nxn)   Bewertungsmatrix der Zustandsgrößen (positiv semidefinit, symmetrisch)

r   Bewertung der Steuergröße (r>0)

ausdrücken. Die Minimierung dieser Gütefunktion, deren Lösung von Kalman und Koepcke bereits 1958 angegeben wurde /20/, führt zur Lösung einer Matrix-Riccati Differenzengleichung.

Aufgrund der großen Anzahl der in Gl 3.1 enthaltenen freien Parameter zur Gewichtung der Zustandsgrößen und der Steuergröße erscheint die Optimierungsaufgabe zunächst nur umständlich lösbar. Hinzukommt, daß diese Parameter in der Regel nur in einem sehr indirekten Zusammenhang zum eigentlichen Ziel der Optimierungsaufgabe stehen, /21/. Da grundsätzlich jedoch eine möglichst rasche Inbetriebnahme der Regelung gewünscht wird, muß versucht werden, die Anzahl der freien Parameter drastisch zu reduzieren, so daß mit einer minimalen Anzahl von Suchschritten das gewünschte dynamische Verhalten erreicht werden kann.

Eine erste Vereinfachung besteht in der Regel darin, nur die Hauptdiagonalelemente der Bewertungsmatrix $\underline{Q}$ zu berücksichtigen, so daß unter Beachtung der linearen Abhängigkeit zum Bewertungsfaktor der Steuergröße r "nur noch" n Parameter festzulegen sind. Weitere allgemeingültige Vereinfachungen, z.B. durch Nullsetzen von Hauptdiagonalelementen, sind aus den oben genannten Gründen ohne Kenntnis der Struktur der Regelstrecke nicht möglich, so daß hier eine individuelle Auswahl erfolgen muß /11/.

3.1.2   <u>**Polvorgabe**</u>

Eine weitere Vorgehensweise beim Entwurf eines diskreten Zustandsregler besteht in der Festlegung der Pole des geschlossenen Regelsystems /21/, /10/. Hierbei stellt sich sofort die Frage, wo diese Eigenwerte liegen sollen, um optimale Regeleigenschaften erzielen zu können. Geht man hierbei ohne besondere Strategie vor, so wird die Regleroptimierung - insbesondere bei Strecken höherer Ordnung - umständlich und zeitraubend, da entsprechend viele Pole festzulegen sind. Wünschenswert wäre jedoch eine Reglereinstellung durch <u>einen</u> Parameter zur Anpassung der Dynamik der Lageregelkreises an das Beschleunigungsvermögen des Antriebes.
Bekanntlich sind in der Systemtheorie für den Entwurf kontinuierlicher Systeme Standardlösungen entwickelt worden, mit Hilfe derer im Zeit- und Frequenzbereich gegebene Toleranzschemata befriedigt werden können /22/, /23/. So zeichnen sich einige der in der Nachrichtentechnik gebräuchlichen Übertragungsfunktionen kontinuierlicher Tiefpaßfilter durch ein optimales Rechteckverhalten aus, ein Verhalten, welches auch von einem Lageregelkreis zu fordern ist. Ideales Rechteckverhalten wird am besten durch die sogenannte Bessel-Funktion approximiert, die sich zudem durch eine sehr geringe Überschwingweite auszeichnet. Ein ebenfalls günstiges Übertragungsverhalten zeigen die Butterworth-Tiefpassfilter bzw. Filter mit kritischer Dämpfung (reelle

Pole). Vorschriften über die Pollagen dieser Funktionen findet man z.B. in /22/.

Zur Festlegung der Pole eines zeitkontinuierlich arbeitenden Reglers lassen sich unmittelbar die bekannten Verfahren zur Polvorgabe (aufgeführt z.B. in /21/, /10/) anwenden, da das vorgegebene Tiefpaßverhalten in der Form einer auf eine Bezugsfrequenz ω_b normierten Übertragungsfunktion

$$G_v(P) \;=\; \frac{x_i}{x_s} \;=\; \frac{1}{1 + d_1 P + \dots + d_{n-1} P^{n-1} + d_n P^n} \tag{3.2}$$

mit

$$P = \frac{p}{\omega_b} \qquad\qquad d_v = \text{Koeffizient}$$

dargestellt werden kann. Die Normierung der Vorgabeübertragungsfunktion auf eine Bezugsfrequenz erlaubt die Angabe eines Zusammenhanges zur Geschwindigkeitsverstärkung des Lageregelkreises:

$$K_{vp} = \frac{\omega_b}{d_1} \tag{3.3}$$

Mit der Substitution

$$d_v^* = \frac{d_v}{d_1} \qquad\qquad v = 2 \dots n \tag{3.4}$$

gilt dann anstatt Gl. 3.6

$$G_v(p) = \frac{x_i}{x_s} = \frac{1}{1 + \dfrac{p}{K_{vp}} + d_2^* \dfrac{p^2}{K_{vp}^2} + \dots + d_n^* \dfrac{p^n}{K_{vp}^n}} \tag{3.5}$$

d.h. die Geschwindigkeitsverstärkung K_{vp} ist einziger freier Parameter bei der Einstellung des Lageregelkreises. Zum Entwurf des Abtastreglers wird Gl. 3.5 für die Abtastzeit T diskretisiert. Es ergibt sich die entsprechende Übertragungsfunktion im z-Bereich

$$G_v(z) = \frac{x_i(z)}{x_s(z)} = \frac{b_{v0} + b_{v1}z + \ldots + b_{vn}z^n}{a_{v0} + a_{v1}z + \ldots + z^n} = \frac{Z_v(z)}{N_v(z)} \qquad (3.6)$$

Mit der Diskretisierung der Vorgabeübertragungsfunktion geht der exakte Zusammenhang zur Geschwindigkeitsverstärkung des Abtastregelkreises verloren, d.h. eine aus Gl. 3.6 mittels einer Grenzwertbetrachtung rückgerechnete Geschwindigkeitsverstärkung

$$K_v = \frac{1}{T} \cdot \frac{a_{v0} + a_{v1} + \ldots + a_{vn}}{(a_{v1}-b_{v1}) + 2(a_{v2}-b_{v2}) + \ldots + n(a_{vn}-b_{vn})} \qquad (3.7)$$

(Gl. 3.7), stimmt nur näherungsweise mit dem unter Zuhilfenahme von Gl. 3.5 vorgegebenen K_v-Faktor eines entsprechenden kontinuierlichen Regelsystems überein, da bei der Anwendung des Entwurfsverfahren die Nullstellen unberücksichtigt bleiben.

3.2 Entwurfsverfahren für Regelstrecken mit nicht exakt bekannten Parametern

3.2.1 Übersicht

Der Entwurf der Regelungen wird üblicherweise immer unter der Annahme durchgeführt, daß das zugrundegelegte mathematische Modell der Regelstrecke eine exakte Beschreibung des realen Systems darstellt. Da diese Annahme in der Praxis nicht vollständig erfüllt werden kann, d.h. das Modell sowohl Parameter- als auch Strukturfehler aufweist, führt die praktische Erprobung des Regelkreises häufig zu großen Abweichungen hinsichtlich des dynamischen Verhaltens der Modellregelung. Hier versagen insbesondere die in Abschnitt 3.1 vorgestellten Standard-Entwurfsverfahren, da diese keine Möglichkeit aufweisen, neben der Beeinflussung der Regelkreisdynamik auch Modellfehler zu berücksichtigen. In der Vergangenheit wurden eine Vielzahl von Entwurfsmethoden entwickelt, die dieser Problematik Rechnung tragen.

Während in Arbeiten bis ca.1979 versucht wurde, das Regelsystem unempfindlich gegenüber kleinen Parameteränderungen zu machen - man spricht hier von parameterunempfindlichen Regelungen -, wurden in jüngster Vergangenheit Entwurfsverfahren entwickelt, mit deren Hilfe große Parameteränderungen und z. T. auch Strukturfehler einbezogen werden können. Diese Verfahren sind unter dem Begriff "robuste Regelungen" zusammengefaßt.

Im folgenden werden die charakteristischen Merkmale einiger grundsätzlicher Entwurfsmethoden kurz beschrieben und auf ihre Anwendbarkeit für Lageregelungen an NC- Maschinen mit schwingungsfähiger mechanischer Struktur geprüft.

3.2.2 Entwurfsmethoden

a) Entwurf mittels zustandsabhängiger Strukturänderung

Dieses von D. Franke /24/ entwickelte Verfahren basiert auf der Interpretation strukturvariabler Systeme als bilineare Systeme /25/ der Form

$$\dot{\underline{x}}(t) = \underline{A}_0(t)\,\underline{x}(t) + \underline{b}_0(t)\,\underline{u}_s + \underline{b}_z(t)\,\underline{z}(t) + \sum_{v=1}^{q}\underline{K}_v(t)\,\underline{N}_v\,x(t). \qquad (3.8)$$

Die parametrischen Störungen bedingen ein zeitvariantes System mit den zeitveränderlichen Matrizen $\underline{A}_0(t)$, $\underline{b}_0(t)$ und $\underline{b}_z(t)$. Dieses System ist erweitert um den bilinearen Summenterm, welcher den eigentlichen Stelleingriff mittels der Steuergröße $K_1(t),\ldots, K_q(t)$ beschreibt, wobei die q Matrizen $\underline{N}_v$ als konstant und genau bekannt vorausgesetzt werden müssen. Die Wirkungsweise dieses Verfahrens beruht nun darauf, durch eine gezielte Beeinflussung der Steuergrößen $\underline{K}_v(t)$ bei bestimmten Parameteränderungen ein asymptotisch stabiles System zu gewährleisten. Das verwendete nichtlineare Regelgesetz $\underline{K}(t)$ ist nur abhängig von den Zustandsinformationen selbst, also

$$\underline{K} = \underline{K}(\underline{x}) \qquad (3.9)$$

wodurch bei i. allg. bekannten Zustandsgrößen eine unmittelbare Reaktion des Reglers aus Systemänderungen möglich ist.
Die Synthese des Reglers basiert auf der direkten Methode von Ljapunov, wobei diese Methode nicht nur zur Stabilitätsanalyse herangezogen wird, sondern aufgrund noch freier Entwurfsparameter auch zur Beeinflussung des dynamischen Verhaltens. Ein so entworfenes Regelgesetz ist nach /26/ suboptimal im Sinne eines quadratischen Gütekriteriums. Charakteristisch für das Verfahren sind allerdings Gleitzustände bzw. Änderungen der Regelkreisdynamik infolge des zeitvarianten, nichtlinearen Regelgesetzes.

b) <u>Entwurf durch Einbeziehung von Empfindlichkeitsfunktionen</u>

Grundlage für die Reglersynthese ist hier neben dem Modell der Reglerstrecke die Konstruktion eines Empfindlichkeitsmodelles /27/, /28/. Die daraus resultierenden Empfindlichkeitsfunktionen geben Aufschluß darüber, wie stark sich Parameterabweichungen auf die einzelnen Zustandstrajektorien auswirken. Die Zustandsrückführung ist ebenfalls optimal im Sinne einer quadratischen Gütefunktion, wobei neben der Bewertung der Zustands- und der Steuergrößen auch die Empfindlichkeitsfunktionen $\underline{s}$ berücksichtigt werden:

$$I = \frac{1}{2} \int_0^\infty (\underline{x}'\ \underline{Q}\ \underline{x} + r\ u_s^2 + \sum_{v=1}^{q} \underline{s}_v'\ \underline{S}_v\ \underline{s}_v)dt. \qquad (3.10)$$

Diese Empfindlichkeitsfunktionen ergeben sich, faßt man mit dem Vektor $\underline{a}$

$$\underline{a} = (a_1,\ a_2, \ldots, a_q)' \qquad (3.11)$$

die im System enthaltenen Parameter zusammen, durch partielle Ableitung der Zustandsgrößen nach den Systemparametern (Index 0 = Nominalsystem)

$$s\,(t,\underline{a}_0) = \left.\frac{\delta\underline{x}(t,\underline{a})}{\delta\underline{a}_v}\right|_{\underline{a}_v = \underline{a}_0} \qquad v = 1,\,\ldots,\,q. \qquad (3.12)$$

Über die Matrix $\underline{S}_v$ lassen sich dann die Empfindlichkeitsfunktionen entsprechend gewichten.
Nach /27/ zeigt eine Gegenüberstellung der Systeme mit und ohne Gewichtung der Empfindlichkeitsfunktionen, daß die Parameterempfindlichkeit erheblich reduziert werden kann, was aber in jedem Fall mit einer größeren Einschwingzeit erkauft werden muß. So sind der Empfindlichkeitsreduzierung letztlich durch die geforderte Geschwindigkeitsverstärkung Grenzen gesetzt.

c) <u>Entwurf anhand des dynamischen Regelfaktors /29/</u>

Dieses Verfahren benützt den Regelfaktor R_d als Werkzeug zum Entwurf einer parameterunempfindlichen Regelung. Er ist definiert als der Quotient des charakteristischen Polynoms des offenen zum geschlossenen Regelkreises

$$R_d(j\omega) = \left.\frac{\text{char. Polynom offener Kreis}}{\text{char. Polynom geschl. Kreis}}\right|_{p\,=\,j\omega} \qquad (3.13)$$

Um die Empfindlichkeit des geschlossenen Regelkreises zu reduzieren, muß der Betrag des Regelfaktors größer als 1 werden. Ein Regelsystem, für welches dieses trotz großer Parameterschwankungen im gesamten Frequenzbereich zutrifft, wird robust genannt. In der eigentlichen Entwurfsprozedur werden die Rückführkoeffizienten eines Zustandsreglers derart bestimmt, daß die Pole des geschlossenen Regelkreises auch bei Parameteränderungen innerhalb der durch Gl. 3.13 vorgegebenen Bereiche liegen.

d) <u>Parameterraumentwurf</u>

Das von J. Ackermann /30/ entwickelte Verfahren benutzt eine spezielle Systemeigenschaft, die "schöne Stabilität", zum Entwurf robuster Systeme.
Diese Eigenschaft wird durch einen vorgegebenen Bereich in der Eigenwertebene eines diskreten Regelsystems beschrieben, der trotz Störungen als Folge von Parameterschwankungen nicht verlassen wird. Dies geschieht mit Hilfe eines einfachen numerischen Kriteriums, so daß auch mit Hilfe eines weniger leistungsfähigen Kleinrechners schnell der Parameterraum nach möglichen Lösungen abgesucht werden kann. Als Ergebnis dieses Verfahrens erhält man keine Einzellösungen, sondern ganze Lösungsgebiete, die mit Hilfe weiterer, auf den jeweiligen Anwendungsfall zurechtgeschnittener Bedingungen weiter eingegrenzt werden können.
Ausgangspunkt für den Reglerentwurf ist das diskrete Modell der Regelstrecke in Form einer Zustandsdifferenzengleichung

$$\underline{x}(k+1) = \underline{A}(\underline{\theta})\,\underline{x}(k) + \underline{b}(\underline{\theta})\,\underline{u}_s(k). \tag{3.14}$$

Die Zustandsmatrix $\underline{A}$ und der Steuervektor $\underline{b}$ hängen von einem physikalischen Parametervektor $\underline{\theta}$ ab, wobei für den Entwurf sowohl die exakten Parameterwerte als auch ihre Schwankungsbreiten als bekannt vorausgesetzt werden, so daß sich neben dem Nominalsystem noch Systeme extremer Parameterabweichungen angeben lassen:

$$\underline{A}_v = A(\underline{\theta}_v),\ \underline{b}_v = \underline{b}(\theta_v); \qquad v = 1,2,\ldots,J. \tag{3.15}$$

Der Regler kann die Struktur einer Zustandsvektor-Rückführung aufweisen:

$$\underline{u}_s(k) = -\underline{K}'\,\underline{x}(k). \tag{3.16}$$

Einige Elemente von $\underline{K}$ seien gegeben; sie können z. B. auch Null sein, falls bestimmte Zustandsgrößen nicht rückgeführt

werden können oder sollen. Die verbleibenden Elemente von
$\underline{K}$ sind die freien Entwurfsparameter und bilden die Koordi-
naten eines Parameterraumes K, in welchem der eigentliche
Entwurf erfolgt. Das Problem ist nun, die freien Parameter
in K so zu wählen, daß alle Wurzeln von

$$\prod_{\nu=1}^{J} \det (z\underline{I} - \underline{A}_\nu + \underline{b}_\nu \underline{K}') = 0 \qquad (3.17)$$

in einem noch näher zu bestimmenden Polgebiet in der z-
Ebene liegen. Dazu werden die Grenzkurven dieses Polgebietes in den n-dimensionalen Lösungskörper abgebildet.
Dieser ist abhängig vom jeweils gewählten Parametersatz
$\underline{\theta}$ der Regelstrecke. Die Schnittmenge aller Lösungskörper
bildet das eigentliche Lösungsgebiet der Rückführkoeffizienten, innerhalb dessen die Pole des geschlossenen Regelkreises die vorgeschriebenen Grenzkurven nicht verlassen.
Ziel dieser Entwurfsmethode ist daher, den gesamten K-Raum
systematisch nach einem möglichst großen Lösungskörper
abzusuchen. Dazu wird ein 2-dimensionaler Schnitt durch den
Lösungskörper in die Ebene zweier Rückführkoeffizienten
gelegt. Alle weiteren n-2 Rückführkoeffizienten liegen hierbei fest. Da insbesondere bei Regelstrecken höherer Ordnung
bei systematischer Durchsuchung des K-Raumes eine große Anzahl von Schnitten durchgerechnet werden muß ((n-2) freie
Parameter), ist es oft zweckmäßiger, die Umgebung von Lösungen abzusuchen, die z.B. mit Hilfe eines quadratischen
Gütekriteriums gefunden wurden. Ist ein größeres Gebiet gefunden, kann z.B. durch Zusammenziehen des Polgebietes,
durch schärfere Kriterien oder auch durch Erhöhung der
Geschwindigkeitsverstärkung eine weitere Eingrenzung vorgenommen werden.

Wahl des Polgebietes

Zur Erzielung eines befriedigenden dynamischen Verhaltens
bei schwach gedämpften Systemen durch den robusten Regler

ist die erste Voraussetzung für die Gestalt des Polgebietes, daß alle Eigenwerte des Regelkreises eine vorgeschrie-
bene Minimaldämpfung nicht unterschreiten. Da sich ein konjugiert komplexes Polpaar mit der Dämpfung D_H und der Eigenfrequenz ω_H in der z-Ebene eindeutig abbilden läßt, eignet sich die Kurve aller diskreten Eigenwerte mit konstanter Dämpfung D_H gut zur Abgrenzung des Polgebietes /31/.
Mit der Abtastzeit T ergibt sich durch Anwendung einfacher
Transformationsregeln

$$z_{1/2} = e^{-D_H \omega_H T} \; e^{\pm j \sqrt{1-D_H^2}\, \omega_H T} \tag{3.18}$$

oder nach Einführung des Winkels φ

$$\varphi = \sqrt{1-D_H^2}\; \omega_H T \tag{3.19}$$

$$z_{1/2} = e^{-\varphi D_H / \sqrt{1-D_H^2}} \; e^{\pm j\varphi} \tag{3.20}$$

<u>Bild 3.1</u> zeigt diese Grenzkurven konstanter Dämpfung in der
z-Ebene.

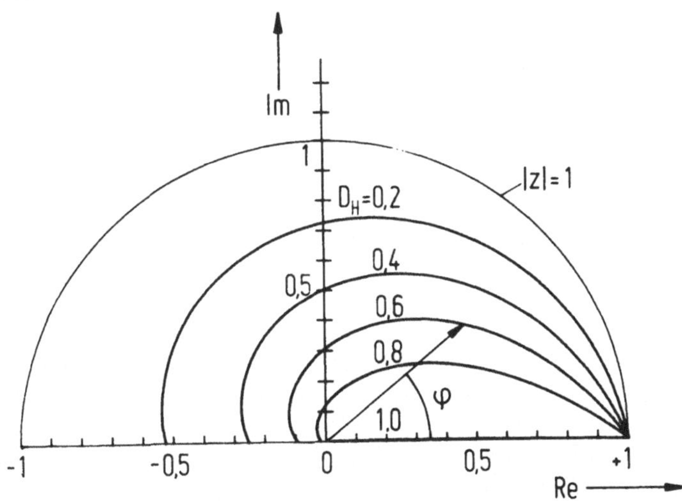

<u>Bild 3.1:</u> Konj. kompl. Grenzkurven konstanter Dämpfung

Zur weiteren Abgrenzung des Polgebietes sind die Schnittpunkte der Grenzkurven mit der reellen Achse von Bedeutung.
Für die Grenzkurven mit konstanter Dämpfung nach Gl. 3.20
ergeben sich diese Schnittpunkte τ_L und τ_R bei $\varphi = 0$ bzw.
bei $\varphi = \pi$ zu

$$\tau_L = z_{1/2}(\pi) = -e^{-\pi D_H / \sqrt{1-D_H^2}} \tag{3.21}$$

und

$$\tau_R = z_{1/2}(0) = 1. \tag{3.22}$$

e) <u>Entwurf mit vorgeschriebener Trajektorienunempfindlich-
keit gegenüber Parameterschwankungen</u>

Bei der Methode der Empfindlichkeitsreduzierung mit Hilfe
von Empfindlichkeitsfunktionen /27/ muß ein gewisser Preis
für die Empfindlichkeitsreduktion bezahlt werden:
Neben der nicht einfachen Entwurfsprozedur muß hier der
Empfindlichkeitsvektor erzeugt und rückgeführt werden, wobei es nicht leicht ist, die Empfindlichkeiten genau zu
berücksichtigen. In /32/ wird eine Entwurfsmethode beschrieben, bei der die Trajektorienschwankung im gesamten Parame-
terbereich auf ein angebbares Maß begrenzt bleibt:

$$\max \int_0^\infty \underline{x}' \; \underline{Q} \; \underline{x} \; dt \quad < \quad \varsigma || \; \underline{x}(0) \; ||^2 \tag{3.23}$$

ς ist hier eine gegebene skalare Größe.
Das Entwurfsproblem führt zur Minimierung eines Gütekriteriums der Form

$$I \; (\underline{a}, \mu) = \int_0^\infty (\; \underline{x}' \; \underline{Q} \; \underline{x} + r \; u_s^2)dt. \tag{3.24}$$

Weiterhin wird eine hinreichende Bedingung angegeben, die
erfüllt sein muß, falls die gewünschte Unempfindlichkeit
erreicht werden soll.

3.2.3 **Bewertung**

Die in 3.2.2. vorgestellten Verfahren sollen im folgenden einander gegenübergestellt und nach unterschiedlichen Gesichtspunkten verglichen werden (Tabelle 3.1).
Grundsätzlich besteht der Entwurfsvorgang bei allen Verfahren darin, einen Rückführvektor K zu finden. Zwei Verfahren weisen allerdings Besonderheiten auf:
Während die Methode der Strukturumschaltung nach /24/ ein vom Zustandsvektor $\underline{x}$ abhängiges Rückführgesetz besitzt, enthält das Verfahren nach /27/ und /28/ einen erweiterten Rückführvektor, mit dem sowohl die Zustandsgrößen, als auch die Empfindlichkeitsfunktionen gewichtet werden. Dies bedeutet aber, daß in Abhängigkeit vom Systemzustand die Bandbreite des Regelkreises geändert wird: Bei Lageregelungen wird somit unmittelbar die Geschwindigkeitsverstärkung beeinflußt. Dies ist ein wesentlicher Nachteil dieser beiden Verfahren, da eine ungleiche Geschwindigkeitsverstärkung in den an der Bahnerzeugung beteiligten Maschinenachsen zu Bahnverzerrungen führt /33/.
Unterschiedlich fällt auch der je nach Abtastung zur Bestimmung der Stellgröße u_S durchzuführende Rechenaufwand aus. Die Methoden nach /24/ und /27/ fallen auch hier wieder aus dem Rahmen: Während bei der Strukturumschaltung Matrizenmultiplikationen abgearbeitet werden müssen, ist beim Empfindlichkeitsmodell-Verfahren das Empfindlichkeitsmodell in den Rechner abzubilden, und es muß für jeden Abschnitt der Empfindlichkeitsfunktionen-Vektor bestimmt werden. Hierdurch ist zum Abarbeiten der Regelalgorithmen - insbesondere bei Regelstrecken höherer Ordnung - ein wesentlich größerer Zeitbedarf notwendig als bei den anderen Verfahren, bei denen im allgemeinen nur n Multiplikationen und Additionen auszuführen sind.

Kriterium :	Strukturumschaltung	Empfindlichkeits-modell	Dynamischer Regel-faktor	Parameterraum-entwurf	Trajektorienun-empfindlichkeit
Literatur :	/24/	/27/ /28/	/29/	/30/	/31/
Regelgesetz:	$u_s = -\underline{K}'(\underline{x}) \cdot \underline{x}$	$u_s = -\underline{K}'_x \cdot \underline{x} - \underline{K}$	$u_s = -\underline{K}' \cdot \underline{x}$	$u_s = -\underline{K}' \cdot \underline{x}$ $u_s = -\underline{K}'_y \cdot y$	$u_s = -\underline{K}' \cdot \underline{x}$
Konstante Geschwindigkeitsverstärkung gewährleistet	nein	nein	ja	ja	ja
Rechenaufwand zur Bestimmung der Steuergröße	groß Matrizenmultiplikationen notwendig	groß Bestimmung der Empfindlichkeitsfunktionen	je n Multiplikationen und Additionen	je n Multiplikationen und Additionen	je n Multiplikationen und Additionen
Art der Robustheit bzw. Parameterunempfindlichkeit	für eine berechenbare Menge parametrischer Störungen asymptotisch stabiles Verhalten	nur für infinitesimal kleine Schwankungen eines oder mehrerer Parameter	für verschiedene Betriebszustände der Strecke	für verschiedene Betriebszustände der Strecke	für einen Parametervektor im s-dimensionalen Parameterraum
Vorgabe der Geschwindigkeitsverstärkung möglich	nein	nein	nein	ja	nein

Tabelle 3.1: Vergleich der Entwurfsverfahren

Deutliche Unterschiede zeigen die Verfahren auch hinsichtlich der Art der Robustheit. Methoden nach /24/ bzw. /31/
sind für einen exakt definierten Raum der Parameterschwankungen robust, wohingegen die Verfahren nach /29/ u. /30/
für verschiedene extreme Parametersätze ein gewünschtes
Verhalten aufweisen. Die Einbeziehung der Empfindlichkeitsfunktionen in den Entwurf /27/ stellt in diesem Sinne keine
Entwurfsmethode dar, die robuste Lösungen liefert, da dieses Verfahren nur für infinitesimale Parameterschwankungen
konzipiert wurde. Trotzdem liefert es nach /27/ auch bei
endlichen Parameteränderungen brauchbare Ergebnisse.
Eine wesentliche Größe beim Entwurf von Lageregelungen ist
die Geschwindigkeitsverstärkung K_v. Aus diesem Grund ist es
sinnvoll, mit der Vorgabe der Entwurfsparameter auch gleichzeitig die Geschwindigkeitsverstärkung auf einen bestimmten
Wert festzulegen. Diese Möglichkeit besteht nur beim Parameterraum-Verfahren, da hier die Rückführkoeffizienten unmittelbar bekannt sind, nicht jedoch bzw. nur sehr umständlich
bei allen anderen Methoden. Weiterhin bietet dieses Verfahren noch den ganz wesentlichen Vorteil, daß nicht notwen-
digerweise immer ein vollständiger Satz von Zustandsgrößen
rückgeführt werden muß, sondern auch Teilzustandsgrößenrück-
führungen untersucht werden können.
Aus diesen Gründen erscheint das Parameterraum-Verfahren
als ein sinnvolles Werkzeug zum Entwurf diskreter Zustands-
Lageregelungen und soll daher im weiteren bei der Auslegung
typischer Regelkreise von Werkzeugmaschinen und Industrierobotern betrachtet werden.

3.3   Teilzustandsvektorrückführung

Wie die Ausführungen in den vorherigen Abschnitten zeigten,
basieren die üblichen Entwurfsverfahren für Zustandsregelungen auf der Annahme, daß sämtliche Zustandsgrößen zurück-
geführt werden.

Diese allgemeine Struktur hat den (theoretischen) Vorteil einer beliebigen Dynamikvorgabe für den geschlossenen Regelkreis; ein Vorteil, der jedoch häufig am realen System (Modellfehler) nur wenig zum Tragen kommt.

Der wesentliche Nachteil der Anordnung besteht aber im relativ hohen Realisierungsaufwand, bedingt durch Sensoren und/oder der notwendigen Rechenleistung des Regelungsrechners, falls nicht oder schlecht meßbare Zustandsgrößen durch einen Beobachteralgorithmus geschätzt werden.

Daher wurden in der Vergangenheit Entwurfsverfahren entwikkelt, mit Hilfe derer nur ein Teil der Zustandsgrößen, die Ausgangsgrößen rückzuführen sind, /34/, /35/. Die Verfahren zur Berechnung der Ausgangsrückführung basieren auf der Optimierung eines quadratischen Gütekriteriums. Zur Lösung dieses Problems entsteht allerdings ein relativ hoher numerischer Aufwand, so daß bei einer Implementierung des Entwurfsalgorithmus in einen Mikrorechner große Rechenzeiten resultieren. Weiterhin lassen sich keine unmittelbaren Hinweise ableiten, welche Regelgröße im konkreten Fall zur Verbesserung der Regeldynamik gemessen und rückgeführt werden muß.

Das bereits in Abschnitt 3.2 genannte Parameterraumverfahren ist eine Suchmethode, mit welcher im Parameterraum auch solche Lösungsgebiete eingegrenzt werden können, für die einzelne Rückführkoeffizienten mit Null bewertet werden. Da diese Lösungsgebiete gleichzeitig auch Robustheitsanforderungen genügen und zudem die Eigenwerte des Regelkreises einen vorgegebene Mindestdämpfung aufweisen, erscheint dieses Verfahren zum Entwurf der Regelungen für Werkzeugmaschinen- und Industrieroboterantriebe mit schwingfähiger Mechanik geeignet und soll im weiteren untersucht werden.

Falls sich die Anzahl der freien Parameter im Regelkreis auf einige wenige Rückführkoeffizienten beschränkt, kann als weiteres Hilfsmittel zum Entwurf dieser Regelungen die Berechnung der Wurzelortskurven betrachtet werden. Das ursprünglich halbgraphische und umständlich handhabbare

Verfahren zur Konstruktion des Polstellenverlaufs der Über-
tragungsfunktion des geschlossenen Regelkreises aus der
Übertragungsfunktion des offenen Regelkreises erlaubt unter
Verwendung eines Kleinrechners - auch bei Strecken höherer
Ordnung - sehr schnell qualitative Schlüsse bezüglich des zu
erwartenden Zeitverhaltens.

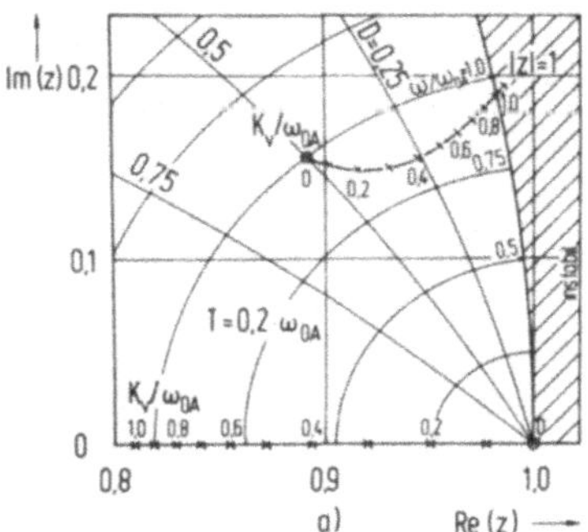
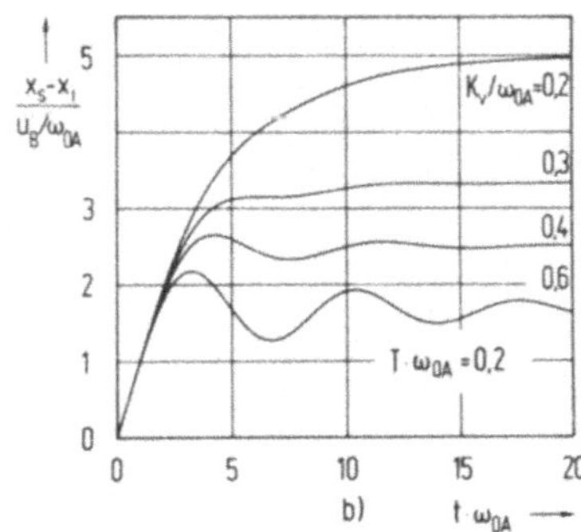

Bild 3.2:   Kurven konstanter Dämpfung und Kurven konstanter
Eigenfrequenz eines konjugiert komplexen Pol-
paares in der z-Ebene und Wurzelortskurven der
Lageregelung nach **Bild 3.3**, (linkes Bild) im
Vergleich mit den entsprechenden Rampenantworten
(rechtes Bild).

Zur Beurteilung des Zeitverhaltens zeitdiskreter Regelungen
ist es allerdings notwendig, die Darstellung in der z-Ebene
so aufzubereiten, daß aus dem Ort der Eigenwerte unmittelbar
auf deren Dämpfung und Eigenfrequenz geschlossen werden
kann. Während das Dämpfungsverhalten wiederum gut durch
die in Bild 3.1 gezeigten Kurven konstanter Dämpfung beurteilt werden kann, ist die Dynamik der Polpaare entsprechend
Gl. 3.18 durch eine weitere Schar, die Kurven konstanter
Eigenfrequenz, zu charakterisieren. **Bild 3.2a** zeigt hierzu
die entsprechenden Kurvenscharen. Dargestellt ist ein Ausschnitt des ersten Quadranten. Zur Verdeutlichung der Vorgehensweise bei der Durchführung der Entwurfsverfahren sind

beispielhaft die Wurzelortskurven eines konventionellen, zeitdiskreten Lageregelkreises nach <u>Bild 3.3</u> eingezeichnet, wobei der Vorschubantrieb durch ein VZ-2 Glied mit der Kennkreisfrequenz ω_{0A} und dem Dämpfungsgrad D_{0A} angenähert ist. Variiert wird die Geschwindigkeitsverstärkung K_v des Lagereglers, deren Anhebung den reellen Pol des Integrierers in Richtung höhere Dynamik verschiebt und das konjugiert komplexe Polpaar des Vorschubantriebes bei annähernd gleicher Eigenfrequenz zunehmend entdämpft.

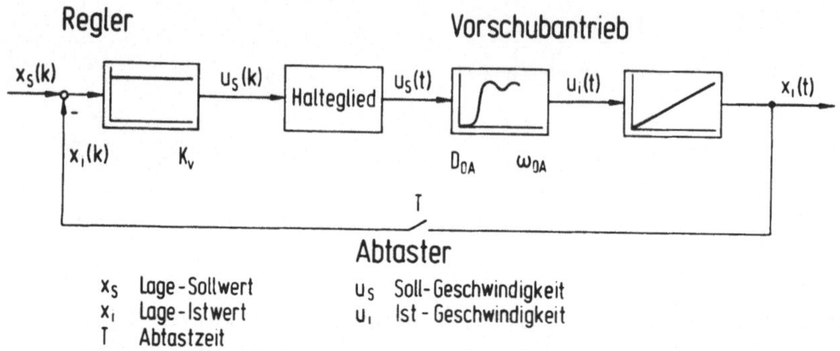

<u>Bild 3.3:</u> Blockschaltbild eines Abtast-Lageregelkreises (Vorschubantrieb approximiert als Verzögerungsglied 2. Ordnung)

Wie aus dem Vergleich mit den entsprechenden Rampenantworten, <u>Bild 3.2b</u> zu entnehmen ist, neigt das Regelsystem dann noch nicht zum Überschwingen, falls

- die Eckfrequenz des reellen Poles (oder auch eines gut gedämpften konjugiert komplexen Polpaares) niedriger liegt als die Eigenfrequenz des Antriebspolpaares, und gleichzeitig

- die Dämpfung des konjugiert komplexen Polpaares nicht niedriger liegt als $D \approx 0,4$.

Das Wurzelortskurven-Verfahren erlaubt somit eine rasche Eingrenzung möglicher Reglereinstellungen, wobei jedoch in der Regel die endgültige Festlegung durch eine sich daran anschließende Optimierung im Zeitbereich erfolgt.

Zusammenfassung

Wie die Ausführungen zeigen, läßt sich der Entwurf digitaler Regelung (- rein theoretisch -) mit Hilfe einer Vielzahl von Verfahren vornehmen. Eine grobe Selektion der Verfahren im Hinblick auf eine Eignung zur Optimierung von Lageregelkreisen kann unter Berücksichtigung des Bahnverhaltens und des Inbetriebnahmeaufwandes vorgenommen werden; eine generelle Vereinfachung bzw. Anpassung der Verfahren an die speziellen Anforderungen ist teilweise möglich.
Der Nachweis der Eignung im Hinblick auf die eingangs erwähnten Kriterien ist jedoch nur unter Verzicht der Generalität möglich, indem die Erprobung und weiterführende Optimierung anhand von Regelstrecken vorgenommen werden, die als typisch für NC-gesteuerte Bewegungsachsen anzusehen sind.

4   <u>Dynamische Modelle typischer Regelstrecken mit schwingungsfähiger Mechanik</u>

Eine unumgängliche Voraussetzung für den systematischen Entwurf der Regelungen ist ein Modell der Regelstrecke. Dieses Modell soll einerseits das statische und dynamische Verhalten des realen Systems so genau beschreiben, daß die praktische Erprobung der Regelung zu vergleichbaren Ergebnissen führt. Andererseits soll aber auch ein Modell möglichst geringer Ordnung entstehen, da - insbesondere bei strukturoptimalen Reglern - mit zunehmender Modellordnung der Realisierungsaufwand überproportional ansteigt.
Die Komplexität des Regelstreckenmodells und damit der Regelung wird somit in erster Linie von zwei Faktoren beeinflußt, nämlich der Anzahl und Lage wesentlicher Eigenwerte und ferner den dynamischen Anforderungen, die an die Regelung gestellt werden.
Zur weiteren Untersuchung digitaler Lageregelungen werden Bewegungsachsen betrachtet, die durch eine ausgeprägte, schwach gedämpfte mechanische Eigenfrequenz zu charakterisieren sind. Als weitere gemeinsame Merkmale werden vorausgesetzt:

- die Vernachlässigung von Nichtlinearitäten sowie
- ein drehzahlgeregelter Motor.

Die Unterschiede ergeben sich in der konstruktiven Ausführung der Bewegungsachsen, wobei als wesentliche Einflußgröße das Verhältnis der Kennkreisfrequenz von Drehzahlregelkreis zu Mechanik anzusehen ist. Abhängig hiervon läßt sich das Übertragungsverhalten der Regelstrecken durch zwei wesentliche Grundformen beschreiben, wie sie aus einer Vielzahl von Messungen an NC-Maschinen bekannt sind /3/,/41/,/42/.

4.1 **Bewegungsachsen mit zwei Eigenschwingungen**

Regelstrecke 1 ist durch das in **Bild 4.1** gezeigte Blockschaltbild beschreibbar /5/. Sie wird durch ein Modell 5. Ordnung approximiert mit D_{0m} als der Dämpfung und ω_{0m} als der Kennkreisfrequenz der mechanischen Übertragungsglieder. Der Einfluß der mechanischen Übertragungsglieder auf den Drehzahlregelkreis kann hierbei mit Hilfe des Rückwirkungsfaktors C_K bewertet werden.

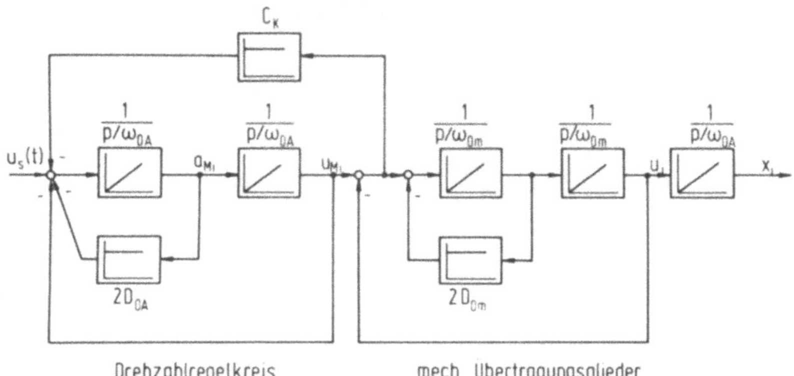

Bild 4.1: Blockschaltbild der Regelstrecke: Drehzahlgeregelter Vorschubantrieb mit elastisch gekoppelten mechanischen Übertragungsglieder

Der Rückwirkungsfaktor ergibt sich, definiert man eine dynamische Steifigkeit des Drehzahlregelkreises

$$c_{0A} = \omega_{0A}^2 \; J_{Mg} \tag{4.1}$$

(J_{Mg} ist das gesamte motorseitig wirkende Trägheitsmoment),

zu

$$C_K = \frac{c_{0m}}{c_{0A}} \; . \tag{4.2}$$

c_{0m} ist hierbei die Steifigkeit der mechanischen Übertragungsglieder, reduziert auf die Motorwelle.

Hieraus ergibt sich unmittelbar die Zustandsdifferential-gleichung:

$$d \begin{bmatrix} x_i \\ u_i \\ a_i \\ u_{Mi} \\ a_{Mi} \end{bmatrix} /dt = \begin{bmatrix} 0 & 1 & 0 & 0 & 0 \\ 0 & 0 & 1 & 0 & 0 \\ 0 & -\omega_{0m}^2 & -2D_{0m}\omega_{0m} & \omega_{0m}^2 & 0 \\ 0 & 0 & 0 & 0 & 1 \\ 0 & \omega_{0A}^2 C_K & 0 & -\omega_{0A}^2(1+C_K) & -2D_{0A}\omega_{0A} \end{bmatrix} \begin{bmatrix} x_i \\ u_i \\ a_i \\ u_{Mi} \\ a_{Mi} \end{bmatrix} + \begin{bmatrix} 0 \\ 0 \\ 0 \\ 0 \\ \omega_{0A}^2 \end{bmatrix} u_s(t)$$

$$(4.3)$$

Als Beispielregelstrecke für die Untersuchungen in Kapitel 6 wird die in __Bild 4.2__ gezeigte Vorschubachse betrachtet.

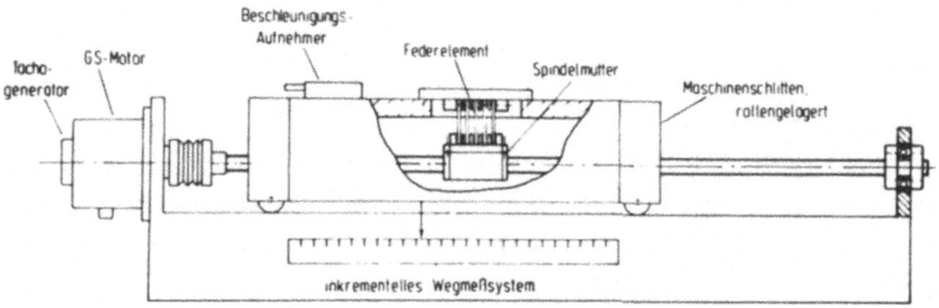

__Bild 4.2:__ Vorschubeinheit mit elastischer Ankopplung des Maschinenschlittens an die Spindelmutter (GS: Gleichstrom)

An diesem Versuchsstand ist der Maschinenschlitten über ein Federpaket elastisch an die Spindelmutter angekoppelt. Durch Änderung von Tischmasse und Federsteifigkeit läßt sich die mechanische Eigenfrequenz in weitem Bereich variieren. Zusätzlich ist der Maschinenschlitten mit Rollenführungen ausgerüstet, so daß sehr niedrige Dämpfungswerte erreicht werden. Als Antrieb dient ein drehzahlgeregelter Gleichstrom-Servomotor mit Transistorverstärker, der unmit-

telbar über eine Kugelumlaufspindel auf den Maschinenschlitten wirkt. Die Lageerfassung erfolgt direkt mittels eines
inkrementellen Wegmeßsystems mit einer Auflösung von 1µm.
Für den Fall, der näher untersucht werden soll, ist das
Feder-Masse-System auf eine Frequenz von ca. 14 Hz abge-
stimmt.

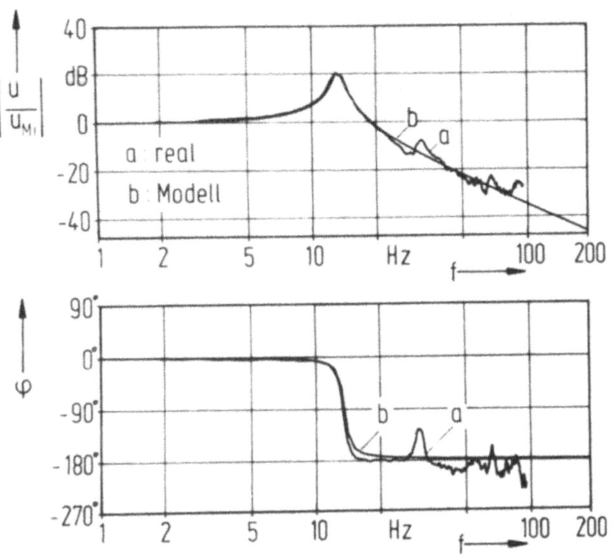

Bild 4.3: Realer (Kurve a) und approximierter (Kurve b)
Frequenzgang der mechanischen Übertragungsglieder

Kurve a in Bild 4.3 zeigt hierzu den am Versuchsstand gemessenen Frequenzgang der mechanischen Übertragungsglieder.
Durch Approximation dieses realen Frequenzganges mit demje-
nigen eines Übertragungsgliedes 2. Ordnung (Kurve b in Bild
4.3) ergeben sich die Kenngrößen des mechanischen Systems zu

$$\omega_{0m} = 87,5 \ 1/s \quad \text{und}$$
$$D_{0m} = 0,04.$$

Die 2. mechanische Resonanzstelle mit einer Kreisfrequenz

$\omega_{1m} = 170 \ 1/s$

ist verursacht durch die Elastizität des Tischunterbaus.
Sie ist aufgrund der indirekten Anregung über Reaktions-
kräfte des Maschinenschlittens nur schwach ausgeprägt und
bleibt daher bei der Synthese des dynamischen Modelles
unberücksichtigt.

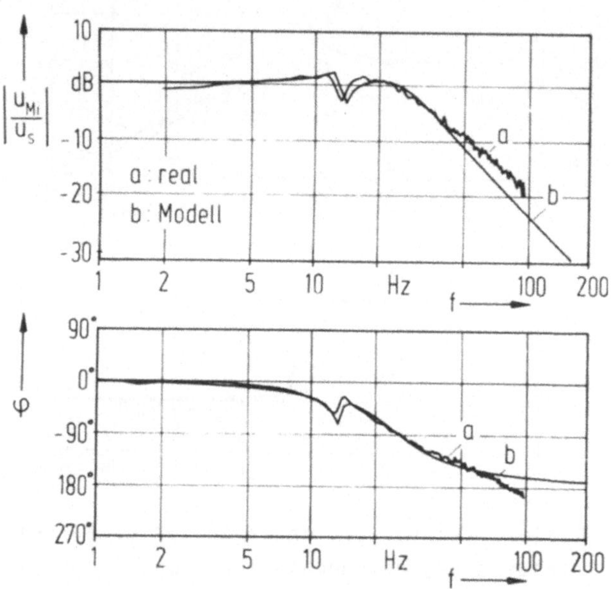

Bild 4.4: Realer (Kurve a) und durch ein System 4.Ordnung
approximierter Frequenzgang (Kurve b) des Drehzahlregelkreises

Die Eckfrequenz des Drehzahlregelkreises liegt entsprechend
Bild 4.4 Kurve a bei f_{0A} = 25 Hz. Die bestmögliche Annäherung des hieraus berechneten Modellfrequenzganges mit dem
gemessenen Frequenzgang des Drehzahlregelkreises führt dann
zu den in **Tabelle 4.1** aufgezeigten Parametern des dem Reglerentwurf zugrundeliegenden Streckenmodells.

ω_{0A}	D_{0A}	c_K	ω_{0m}	D_{0m}
155 1/s	0,5	0,12	87,5 1/s	0,04

<u>Tabelle 4.1:</u> Kenngrößen der Regelstrecke

4.2 <u>**Bewegungsachsen mit einer Eigenschwingung**</u>

Eine Vereinfachung dieser Struktur ist dann möglich, falls
die Kennkreisfrequenz des Drehzahlregelkreises wesentlich
über derjenigen der mechanischen Übertragungsglieder liegt.
In diesem Fall läßt sich die Regelstrecke durch ein einfa-
ches Modell 3. Ordnung annähern, dessen Blockschaltbild
in <u>Bild 4.5</u> dargestellt ist.

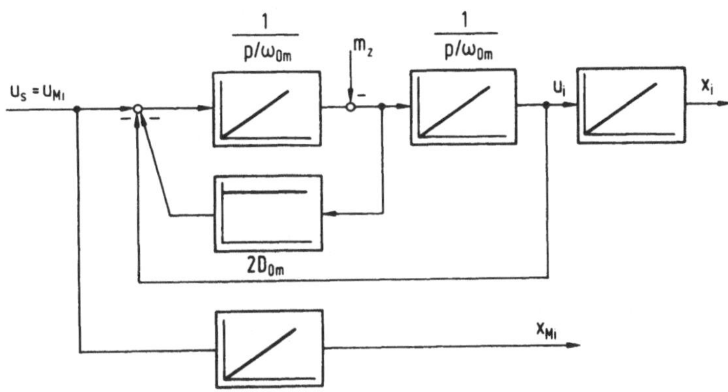

<u>Bild 4.5:</u> Blockschaltbild der Regelstrecke

u_s Soll-Geschwindigkeit u_i Ist-Geschwindigkeit
u_{Mi} Ist-Geschwindigkeit des Motors x_i Lage-Istwert
a_i Ist-Beschleunigung x_{Mi} Istposition der
m_z Störmoment, normiert   Motorwelle

Damit gilt für die zugehörige Zustandsdifferentialgleichung des Systems:

$$d \begin{bmatrix} x_{Mi} \\ u_i \\ a_i \end{bmatrix} / dt = \begin{bmatrix} 0 & 0 & 0 \\ 0 & 0 & 1 \\ 0 & -\omega_{0m}^2 & -2D_{0m}\omega_{0m} \end{bmatrix} \begin{bmatrix} x_{Mi} \\ u_i \\ a_i \end{bmatrix} + \begin{bmatrix} 1 \\ 0 \\ \omega_{0m}^2 \end{bmatrix} u_s \qquad (4.4)$$

Als Beispielregelstrecke für diese Klasse von Bewegungsachsen wird die Vertikalachse (Z-Achse) des in Bild 4.6 gezeigten Industrieroboters betrachtet. Sie weist die folgenden charakteristischen Merkmale auf:

a) Die Kennkreisfrequenz des Drehzahlregelkreises liegt mit ω_{0A} = 322 1/s mehr als das Fünffache höher als die Kennkreisfrequenz ω_{0m} des mechanischen Systems (Tabelle 4.2) und kann daher vernachlässigt werden.

	D_{0m}	ω_{0m}	D_{0A}	ω_{0A}
$X = X_{max}$	0.02	45 1/s	0.55	322 1/s
$X = X_{min}$	0.06	63 1/s	0.55	322 1/s
$X = \bar{X}$	0.04	54 1/s	0.55	322 1/s

Tabelle 4.2: Dynamische Kenngrößen der Z-Achse in Abhängigkeit der Ausfahrlänge X des Roboterarmes

b) Weitere Eigenfrequenzen der mechanischen Struktur in Z-Richtung liegen wesentlich höher als ω_{0m} und bleiben daher ebenfalls unberücksichtigt.

c) Kennkreisfrequenz ω_{0m} und Dämpfungsgrad D_{0m} sind veränderlich in Abhängigkeit der Ausfahrlänge des Roboterarmes, (Tabelle 4.2). Gegenüber dem Nominalsystem (Armposition $X=\bar{X}$) variiert die mechanische Kennkreisfrequenz ± 17%. Die Änderung der mechanischen Dämpfung D_{0m} beträgt in den Extremstellungen der X-Achse sogar $\pm$ 50%.

d) Die Lagemessung kann nur indirekt an der Motorwelle erfolgen. (Daher sind die Zustandsgrößen des mechanischen Systems nicht beobachtbar.)

e) Aufgrund des Einsatzbereiches werden nur relativ niedrige Bahngeschwindigkeiten (u_{Bmax} = 6m/min) bzw. Bahnbeschleunigungen gefahren. Nichtlineare Kopplungen zwischen den einzelnen Achsen sind somit vernachlässigbar.

Unter Berücksichtigung dieser spezifischen Eigenschaften der Regelstrecke ist es gerechtfertigt, das einfache dynamische Modell 3.Ordnung mit konzentrierten, aber zeitvarianten Parametern entsprechend Bild 4.5 darzustellen.

Bild 4.6 : 5-achsiger Industrieroboter für Bearbeitungsaufgaben

5 Aufbau digitaler Zustands-Lageregelungen zur Lage-Einstellung an NC-Maschinen

5.1 Allgemeine Gesichtspunkte

Bei der Auslegung der digitalen Regelung steht die Forderung nach einer optimalen Abarbeitung der Regelalgorithmen im Vordergrund. Daher bedarf die Realisierung der Regelfunktionen im Mikrorechner einiger grundsätzlicher Überlegungen:

- Da die zeitdiskrete Arbeitsweise generell zu einer Verringerung des Stabilitätsbereiches und einer Verschlechterung der Regelgüte führt /40/, sind die Reglermodule in erster Linie zeitoptimal zu programmieren.
- Weiterhin ist zu berücksichtigen, daß die Rechenoperationen mit ausreichender Wortlänge ausgeführt werden, um Quantisierungsfehler bzw. Rundungsfehler zu vermeiden /36/, /37/.
- Im Hinblick auf Flexibilität in der Anwendung ist es notwendig, das Programm den Funktionen entsprechend in klare Module mit eindeutig definierten Schnittstellen zu strukturieren.

Entsprechend dem in Bild 5.1 gezeigten Flußdiagramm läßt sich der zu jedem Abtastzeitpunkt abzuarbeitende Teil der Regelung in zwei Segmente gliedern:
einem ersten Programmteil, in dem die zur Berechnung der Stellgröße notwendige aktuelle Information verarbeitet wird, sowie dem sich nach Ausgabe der Stellgröße anschließenden Segment, welches bereits der Vorbereitung des nächsten Abtastschrittes dient und Kontroll- sowie Hilfsroutinen beinhaltet. (Diese Zeit zum Abarbeiten des ersten Programmteils, d.h. die Zeit zwischen Einlesen der Ist-Größen bis zur Ausgabe der Stellgröße wirkt im Regelkreis unmittelbar als Totzeit und muß daher aus dynamischen Gründen vorrangig minimiert werden).

Nach Bild 5.1 sind innerhalb eines Abtastschrittes folgende
Algorithmen abzuarbeiten:

a) Driftkorrektur
b) Berechnung nicht gemessener Zustandsgrößen (Beobachter)
c) Berechnung der Stellgröße (Regelalgorithmus)
d) Führungsgrößenberechnung (Interpolation)
e) Überwachungs- und Hilfsfunktionen

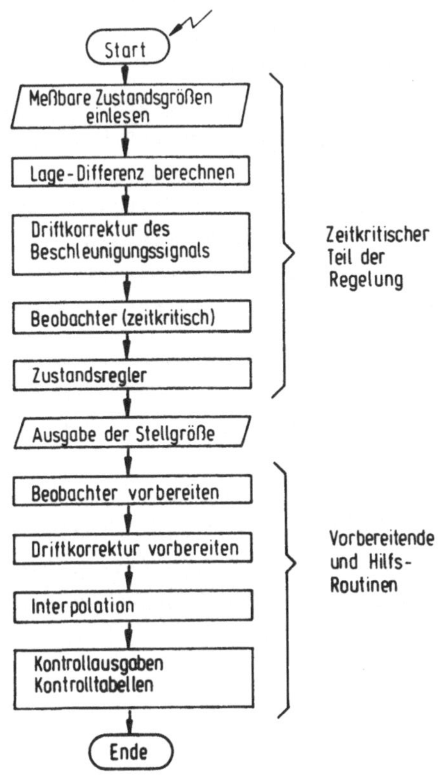

Bild 5.1: Flußdiagramm der Regelung

Diese Rechenvorschriften können entsprechend den oben genannten Anforderungen modifiziert werden, was anhand der
Algorithmen a) und b) gezeigt werden soll.

5.2   Offsetkompensation von Sensorsignalen

Bei einigen der untersuchten Regelungen werden zur Erfassung der Eigenschwingung des mechanischen Systems Beschleu-
nigungssensoren eingesetzt. Werden z.B. für industrielle Lösungen /4/ aus Kostengründen keine Labor-Meßverstärker zur
Aufbereitung des Signals eingesetzt, ist im allgemeinen bei
der hohen notwendigen Verstärkung mit einer erheblichen Tem-
peraturdrift zu rechnen (gemessen wurden Driftspannungen
von bis zu 500 mV bei 5 V Vollaussteuerung).
Da diese Driftspannung vom Zustandsregler gewichtet zur
Stellgröße aufsummiert wird, wirkt sie sich als stationäre
Lageabweichung aus und muß daher kompensiert werden.
Diese Kompensation wird mit Hilfe eines diskreten Hochpaß-
filters 1. Ordnung

$$G_H(z) = \frac{a_i}{a_{io}} = \frac{1-z^{-1}}{1-e^{-T/T_H}\,z^{-1}} \tag{5.1}$$

realisiert, wobei die Zeitkonstante T_H sehr groß gewählt
wird, so daß die Eigendynamik dieses Elementes gegenüber
derjenigen der Regelstrecke vernachlässigt werden kann.
Für $T_H \gg T$ läßt sich Gleichung 5.1 mit guter Genauigkeit durch

$$G_H(z) = \frac{a_i}{a_{io}} = \frac{1-z^{-1}}{1-(1-T/T_H)\,z^{-1}} \tag{5.2}$$

annähern, und es gilt

$$\Delta a(k-1) = a_i(k-1) - \frac{T}{T_H} a_i(k-1) - a_{io}(k-1) \qquad (5.3)$$

sowie für die korrigierte Beschleunigung:

$$a_i(k) = a_{io}(k) + \Delta a(k-1). \qquad (5.4)$$

Im zeitkritischen Teil der Regelung ist damit **eine** Addition abzuarbeiten. Um Einflüsse auf die Dynamik der Regelung zu vermeiden, muß T_H im Sekundenbereich gewählt werden.
Als Folge hieraus wird T/T_H sehr klein, so daß das Produkt $T/T_H \, a_i(k-1)$ zu klein ist, um als 16-bit-Ganzzahl dargestellt werden zu können.

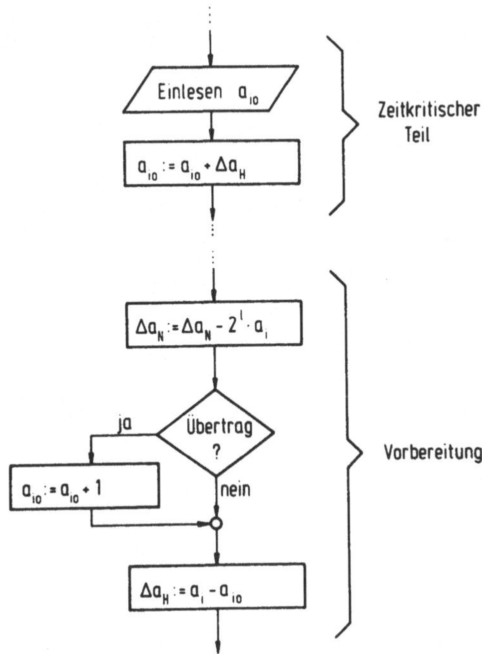

Bild 5.2: Driftkorrektur

Durch Aufspaltung des Korrekturterms in zwei 16-bit Variable

$$\Delta a = \Delta a_H + \Delta a_N \tag{5.5}$$

(Δa_H ist der ganzzahlige Anteil, das höherwertige Wort und Δa_N der gebrochene Anteil, das niederwertige Wort), kann der Algorithmus unter Umgehung einer Doppelwort-Arithmetik entsprechend dem Flußdiagramm nach <u>Bild 5.2</u> aufgebaut werden, so daß nach Ersatz der Multiplikation in Gleichung 5.3 durch eine l-fache Verschiebung des Registerinhaltes

$$l = 16 + INT \ (ld \ T/T_H) \tag{5.6}$$

im Vorbereitungsteil des Regelprogrammes im wesentlichen zwei Subtraktionen durchzuführen sind.

5.3 <u>Beobachter-Algorithmus</u>

Bei den zu untersuchenden Regelverfahren wird vorausgesetzt, daß entweder alle n (Zustandsregelung) oder bestimmte (Teilzustandsgrößenrückführung) Zustandsgrößen vorliegen. Da stets einige (s) Zustandsvariablen wie z.B. der Lage-Istwert x_i oder die Motordrehzahl u_{Mi} als leicht meßbare Größen vorliegen, können die fehlenden n-s Elemente von einem reduzierten Beobachter der Ordnung (n-s) rekonstruiert werden /30/:

$$\hat{\underline{x}}_a(k) = \hat{\underline{v}}(k) + \underline{E} \ \underline{y}(k) \tag{5.7}$$

$$\hat{\underline{v}}(k+1) = \underline{L} \ \hat{\underline{v}}(k) + \underline{M} \ \underline{y}(k) + \underline{N} \ u_s(k) \tag{5.8}$$

Im allgemeinen sind innerhalb des zeitkritischen Teils (Gl. 5.7) s(n-s) Multiplikationen und ebenso viele Additionen abzuarbeiten und im Vorbereitungsteil (GL. 5.8) werden zusätzlich noch (n-s) (n+1) Multiplikationen und (n-s) n Additionen notwendig. Man erkennt hier, daß für eine Regelstrecke 5. Ordnung mit zwei nicht meßbaren Zustandsgrößen bereits ein erheblich höherer Rechenaufwand als für den eigentlichen Regler notwendig ist, nämlich 18 Multiplikationen und Additionen, was z.B. bei Verwendung des Mikrorechners TM 990/100 einer Rechenzeit von etwa 2,5 ms entspräche.

Insbesondere die Reglerverzugszeit läßt sich reduzieren, falls beim Beobachterentwurf Elemente der Fehlermatrix mit Null vorbelegt werden, so daß nur jeweils benachbarte Zustandsgrößen bei der Korrekur berücksichtigt werden. Da sich der Lage-Istwert x_i durch eine reine Integration aus der Ist-Geschwindigkeit u_i ergibt und als Meßgröße daher keine zusätzliche Information liefert (vgl. auch Gl. 5.1), kann weiterhin der Meßvektor $\underline{y}$ um eine Dimension verringert werden. Aufgrund dieser Maßnahme reduziert sich die Anzahl der zeitkritischen Operationen auf (n-s) und die Anzahl der Multiplikationen und Additionen innerhalb des Vorbereitungsteiles auf (n-s) n bzw. (n-s) (n-1), wodurch sich im oben genannten Beispiel die Rechenzeit auf ca. 1,5 ms reduziert.

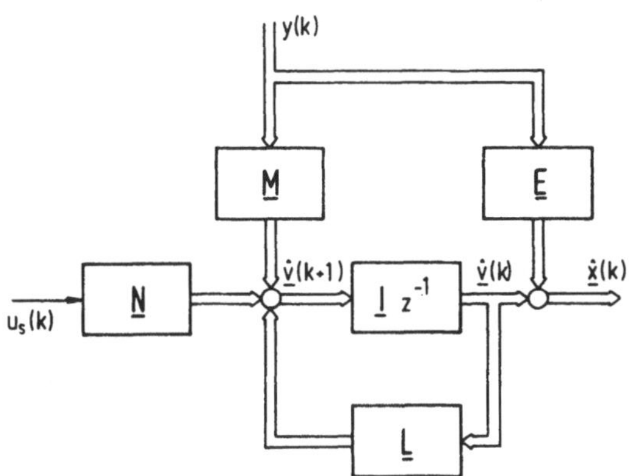

__Bild 5.3:__ Blockschaltbild eines Beobachters reduzierter Ordnung

Eine weitere Möglichkeit den Beobachteralgorithmus zu optimieren besteht darin, seine Struktur zu vereinfachen. Betrachtet man in __Bild 5.3__ das nach den Gl. 5.7 und 5.8 gezeichnete Blockschaltbild des reduzierten Beobachters, so erkennt man eine programmtechnisch ungünstig zu realisierende Struktur. Eliminiert man die Zwischengröße $\hat{\underline{v}}$ durch Einsetzen von Gl. 5.7 in 5.8, so ergibt sich mit

$$\underline{x}_v(k-1) = \underline{L}\,\hat{\underline{x}}_a(k-1) + (\underline{M}-\underline{L}\,\underline{E})\,\underline{y}(k-1) + \underline{N}\,u_s(k-1) \qquad (5.9)$$

unmittelbar

$$\hat{\underline{x}}_a(k) = \underline{E}\,\underline{y}(k) + \underline{x}_v(k-1). \qquad (5.10)$$

Da in Gleichung 5.9 jetzt geschätzte und gemessene Zustandsgrößen gleichermaßen auftreten, ist diese wiederum zu einem gemeinsamen Vektor $\underline{x}_g$ zusammenzufassen, der zusätzlich um die Stellgröße erweitert wird:

$$\underline{x}_g = (u_s, \underline{y}, \hat{\underline{x}}_a).$$

$\underline{x}_g$ hat immer die Dimension n, unabhängig von der Anzahl der gemessenen Größen. Daher ergibt sich für Gl. 5.9 nach Aufspaltung in einzelne Teilbeobachter stets eine Struktur, die ähnlich ist der Rückführgleichung des Zustandsreglers. Für die Regelstrecke 5. Ordnung mit u_i und a_{Mi} als zu beobachtende Zustandsgrößen kann dann beispielsweise für den vorbereitenden Teil des Beobachters geschrieben werden.

$$x_{v1}(k-1) = \sum_{v=2}^{5} G_v\,x_v(k-1) + G_0\,u_s(k-1) \qquad (5.11)$$

$$x_{v2}(k-1) = \sum_{v=2}^{5} H_v\,x_v(k-1) + H_0\,u_s(k-1) \qquad (5.12)$$

Für den zeitkritischen Teil entsprechend Gl. 5.10 ergibt sich

$$\hat{u}_i(k) = C_3\, a_i(k) + x_{v1}(k-1) \qquad (5.13)$$

$$\hat{a}_{Mi}(k) = C_4\, u_{Mi}(k) + x_{v2}(k-1). \qquad (5.14)$$

Die Beobachterkoeffizienten $G_0,\ldots,G_5$, $H_0,\ldots,H_5$ sowie C_3 und C_4 sind hierbei mit Hilfe der Ausgangsgleichungen zu bestimmen.

Mit den Gleichungen 5.11 und 5.14 kann hieraus das in **Bild 5.4** gezeigte Blockschaltbild der beiden Teilbeobachter abgeleitet werden.

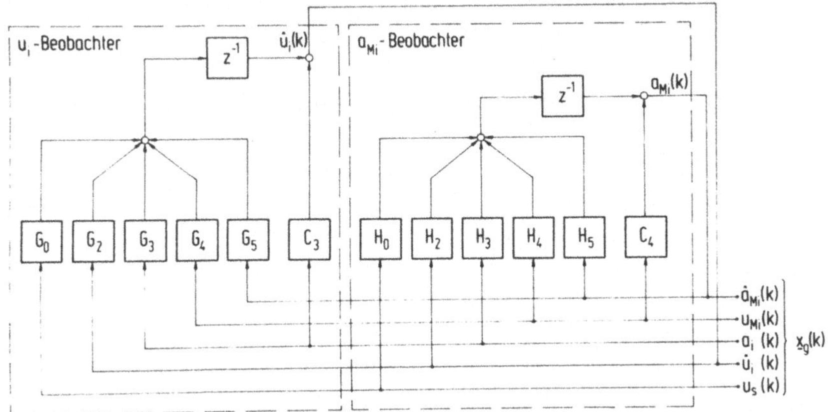

Bild 5.4: Blockschaltbild des reduzierten Beobachters 2. Ordnung zum Schätzen der Tischgeschwindigkeit u_i und des Motormoments a_{Mi}.

**6   Untersuchung der diskreten Lageregelung einer Bewegungs-
       achse mit einer Eigenschwingung**

Gesichtspunkte für die Auswahl und Entwicklung von Regeleinrichtungen für schwach gedämpfte Bewegungsachsen lassen
sich aus den eingangs genannten Kriterien ableiten und
gelten allgemein für die Anwendung an NC-Maschinen. Deren
Berücksichtigung bei Bewegungsachsen, die durch ein Modell
3. Ordnung entsprechend Abschnitt 4.2 zu approximieren
sind, ist Gegenstand der Untersuchungen in diesem Kapitel.
Als Ziele sind daher folgende Punkte zu nennen:

a) Die Regelung muß gute dynamische Eigenschaften ermög-
   lichen, d.h. eine gute Dämpfung der Eigenwerte bei
   möglichst hoher Geschwindigkeitsverstärkung.

b) Parameteränderungen der Regelstrecke, also Änderungen
   der Dämpfung D_{0m} und der Eigenfrequenz ω_{0m} sowie Strukturfehler sollten nur einen geringen Einfluß auf die
   Dynamik des Regelkreises ausüben.

c) Die Anzahl der Meßglieder sollte sich auf die für die
   Drehzahl- und Lageregelung unbedingt erforderlichen
   beschränken.

d) Der Inbetriebnahme- und Optimierungsaufwand sollte
   möglichst gering sein; eine automatische- bzw. rechnergestützte Inbetriebnahme ist anzustreben.

e) Die Regeleinrichtung sollte allgemein für Bewegungsachsen mit o.g. Struktur verwendbar sein.

Beachtet man die Verfahren zum Reglerentwurf, so kann den
Forderungen a) und b) insbesondere mit Hilfe des Parameter-
raumentwurfs nach /30/ entsprochen werden.
Die Untersuchung der Regeleinrichtung wird dabei anhand
der in Abschnitt 4.2 vorgestellten Bewegungsachse vorgenom-

men, da die genannten Eigenschaften der Regelstrecke die
Erprobung hinsichtlich aller Kriterien erlauben und zudem
Vergleichsmöglichkeiten zu Ergebnissen aus früheren Unter-
suchungen vorliegen /7/, /40/.

6.1   Untersuchung einer robusten Zustandsregelung

Entsprechend der in Kapitel 4.2 aufgezeigten Charakteri-
stiken der Regelstrecke ergibt sich unter Berücksichtigung
der Ausführungen in Kapitel 5 die in __Bild 6.1__ dargestellte
Struktur der Regelung, bestehend aus dem Zustandsregler 3.
Ordnung

$$u_S(k) = K_1(x_S(k) - x_{Mi}(k)) - K_2 \hat{u}_i(k) - K_3 a_i(k) \qquad (6.1)$$

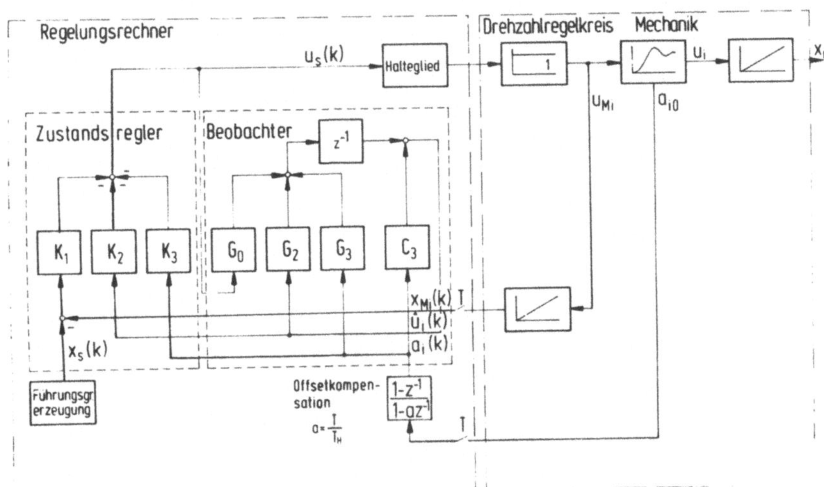

__Bild 6.1:__ Blockschaltbild der diskreten Zustands-Lageregelung 3. Ordnung

und dem reduzierten Beobachter 1. Ordnung zur Berechnung der Ist-Geschwindigkeit u_i.

$$\hat{u}_i(k) = C_1 \, a_i(k) + x_v(k-1) \tag{6.2}$$

$$x_v(k) = G_2 \, \hat{u}_i(k) + G_3 a_i(k) + G_0 u_s(k) \tag{6.3}$$

Die weiteren Zustandsgrößen a_i (Ist-Beschleunigung) und x_{Mi} (indirekt gemessene Ist-Position) werden meßtechnisch erfaßt.

6.1.1 **Entwurf**

Für den Entwurf des robusten Zustandsreglers nach /30/ werden zunächst extreme Parametersätze der Regelstrecke und zusätzlich derjenige des Nominalsystems vorgegeben. Das Polgebiet in der z-Ebene, welches die diskreten Eigenwerte des geschlossenen Regelkreises auch bei extremen Parameterschwankungen nicht verlassen dürfen, ist entsprechend den in Kapitel 3 gemachten Ausführungen begrenzt durch die Kurve konstanter Dämpfung $H(\varphi)$

$$H(\varphi) = e^{-\varphi D_H / \sqrt{1-D_H^2}} \; e^{\pm j\varphi} \; . \tag{6.4}$$

Hierbei ist D_H die Dämpfungskonstante eines konjugiert komplexen Polpaares und φ der Drehwinkel des Zeigers in der z-Ebene.
Die reellen Grenzen dieses Polgebietes liegen bei

$$\tau_L = H(\pi) = -e^{-\pi D_H / \sqrt{1-D_H^2}} \tag{6.5}$$

und

$$\tau_R = H(0) = 1 \tag{6.6}$$

Die Abbildung des Polgebietes in den 3-dimensionalen Parameterraum $\underline{K}$

$$\underline{K} = (K_1, K_2, K_3)^{'}$$

führt in Abhängigkeit der gewählten Parametervektoren der Regelstrecke

$$\underline{\theta}_\nu = (D_{0m}, \omega_{0m})_\nu \qquad\qquad \nu = 1, 2, \ldots J$$

und der vorgegebenen Mindestdämpfung D_H zu 3-dimensionalen Lösungsgebieten. Die innerhalb des durch die Grenzflächen aufgespannten Gebietes gewählten Rückführkoeffizienten erlauben sämtlich ein Einschwingverhalten des geschlossenen Regelkreises, welches besser gedämpft verläuft als gefordert. Verschiedene Parametervektoren führen zu unterschiedlichen Lösungsgebieten, deren Schnittmengen jedoch wieder die Eigenschaft haben, im Extremfall gerade ein Einschwingverhalten des geschlossenen Regelkreises mit der geforderten Mindestdämpfung D_H aufzuweisen.

<u>Beispiel</u>:

Für den Entwurf des robusten Zustandsreglers der Roboter-Vertikalachse gelten nach Tabelle 4.2 die Parametersätze der beiden extremen Armstellungen bei $X = X_{min}$ und $X = X_{max}$ sowie derjenige des Nominalsystems $X = \bar{X}$:

$$\underline{\Theta}\ (X = X_{max}) = (0{,}02,\ 45\ s^{-1})$$
$$\underline{\Theta}\ (X = X_{min}) = (0{,}06,\ 63\ s^{-1})$$
$$\underline{\Theta}\ (X = \bar{X})\quad\ = (0{,}04,\ 54\ s^{-1}).$$

<u>Bild 6.2</u> zeigt einen Schnitt durch das Lösungsgebiet in der K_2/K_3-Ebene des Parameterraumes bei $K_1 = 10\ s^{-1}$ für eine Mindestdämpfung $D_H = 0{,}7$ (Abtastzeit $T = 8$ ms). Dargestellt ist die in den $\underline{K}$-Raum transformierte komplexe Grenzkurve $H(\varphi)$ mit den Parametervektoren $\underline{\theta}$ bei $X = X_{min}$, $X = X_{max}$ und $X = \bar{X}$ und entsprechend die reelle Grenze τ_L,

deren Abbildungen im Parameterraum $\underline{K}$ Geraden entsprechen. Die Schnittmenge der einzelnen Lösungsgebiete (dargestellt als nicht unterlegter Bereich) wird hier begrenzt durch die komplexe Grenzkurve für $X = X_{min}$.

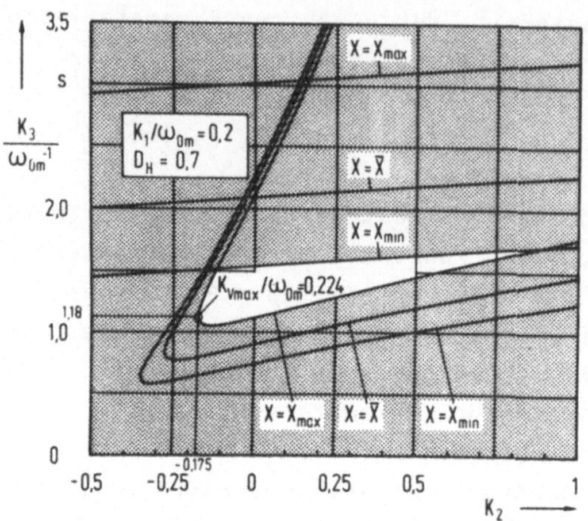

Bild 6.2: Robuster Zustandsregler-Entwurf im Parameterraum $\underline{K}$ (Schnitt durch die K_2/K_3-Ebene)

Entsprechend der Beziehung

$$K_v = \frac{K_1}{1+K_2} \qquad (6.7)$$

liegt in dieser K_2/K_3- Ebene demnach das Optimum (d.h. die größtmögliche Geschwindigkeitsverstärkung, bei der die geforderte Mindestdämpfung D_H in allen Armpositionen nicht unterschritten wird) auf dem Rand der komplexen Grenzkurve $X = X_{max}$ bei $K_2 = K_{2min}$.

Für diesen Punkt gilt dann ein

$$K_{vmax} = 12,1 \ s^{-1}.$$

Im oberen Diagramm von **Bild 6.3** ist hierzu die Sprungantwort $x_1(t)$ der Z-Achse in den beiden extremen Armstellungen dargestellt. Den zugehörigen Verlauf der Beschleunigung

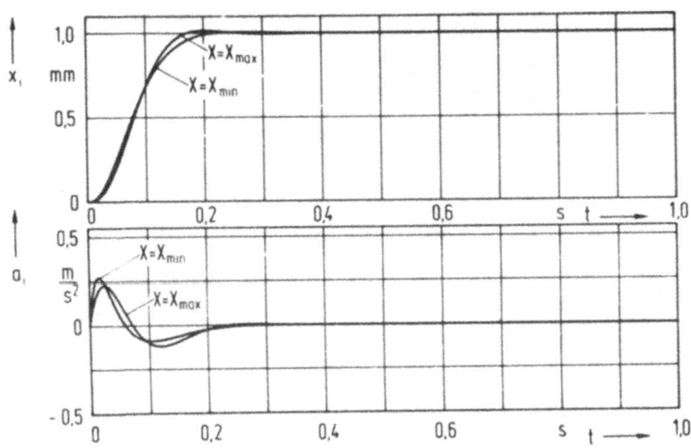

Bild 6.3: Verlauf der Ist-Lage x_i und der Ist-Beschleunigung a_i bei sprungförmiger Anregung des Roboterarmes. Optimierung: Robuster Entwurf, $K_v = 12,1 \ s^{-1}$

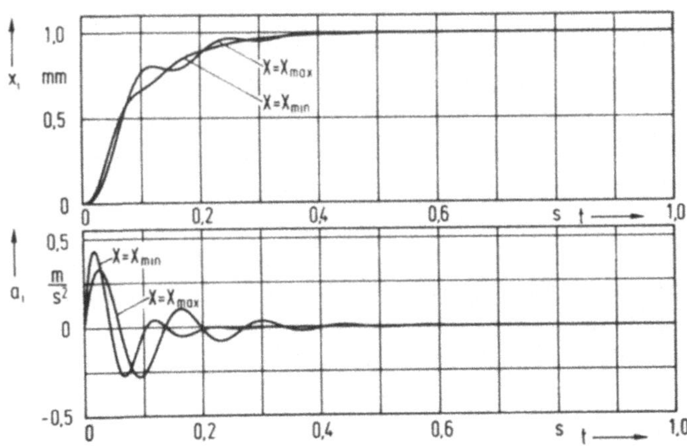

Bild 6.4: Verlauf der Ist-Lage x_i und der Ist-Beschleunigung a_i bei sprungförmiger Anregung des Roboterarmes. Optimierung: Quadratisches Gütekriterium /7/, $K_v = 10 \ s^{-1}$

des Roboterarmes a_i in Z-Richtung zeigt das untere Diagramm. Wird, wie in /7/ ausgeführt, ein optimaler Zustandsregler mit einer Geschwindigkeitsverstärkung von $K_v = 10 \, s^{-1}$ für das Nominalsystem mit Hilfe eines quadratischen Gütekriteriums entworfen, dann zeigt der Regelkreis insbesondere in der Extremstellung $X = X_{max}$ schwach gedämpftes dynamisches Verhalten.

Bild 6.4 verdeutlicht diesen Sachverhalt anhand der Sprungantworten der Istposition x_i und der Armbeschleunigung a_i des Roboterarmes in den extremen Armpositionen. Ein Vergleich mit Bild 6.3 zeigt, daß trotz der Erhöhung der Geschwindigkeitsverstärkung mit dieser Methode ein verbessertes dynamisches Verhalten im gesamten Arbeitsbereich erzielt werden kann, ohne daß zu adaptiven Maßnahmen gegriffen werden muß.

Robustheit der Regelung gegenüber Änderungen der mechanischen Dämpfung; Verallgemeinerung

Freischwingende mechanische Übertragungsglieder sind in der Regel nur schwach gedämpft $(0 \leq D_{0m} \leq 0,1)$ /4/,/7/,/40/,/42/; ihre Dämpfungskonstanten zeigen zudem häufig eine starke Abhängigkeit von verschiedenen Einflußgrößen. Im Hinblick auf eine vereinfachte Modellbildung und damit vereinfachte Regleroptimierung wird im folgenden untersucht, welchen Einfluß eine Parameteränderung von mehr als 50% gegenüber dem Nominalsystem auf das dynamische Verhalten des geschlossenen Regelkreises ausübt.

Dazu wird ein robuster Entwurf für das Nominalsystem durchgeführt, wobei sich bei einer angenommenen konstanten Eigenfrequenz die drei Parametervektoren $\underline{\theta}_j$ nur durch unterschiedliche Dämpfungskonstanten unterscheiden. Neben einer nominalen Dämpfungskonstanten $D_{0m} = 0,04$ werden einmal ein ungedämpftes System und zum anderen eine Dämpfung $D_{0m} = 0,1$ angenommen. **Bild 6.5** zeigt das Ergebnis dieses Entwurfs wiederum in der K_2/K_3-Ebene mit $K_1 = 0,2 \, \omega_{0m}$. Man erkennt,

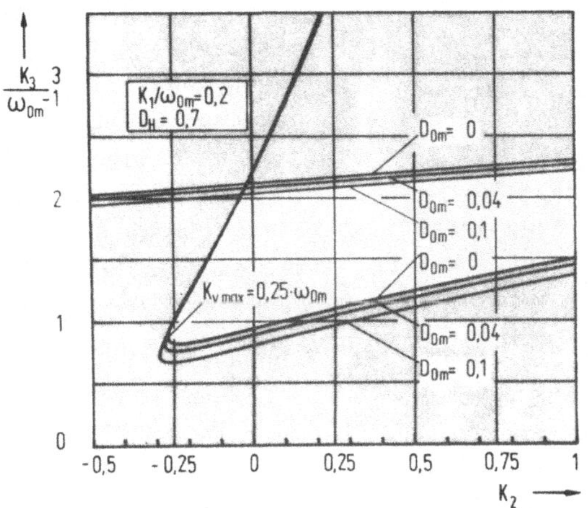

Bild 6.5: Einfluß der mechanischen Dämpfung auf das dynamische Verhalten des Regelkreises

($T\,\omega_{0m} = 0,4$)

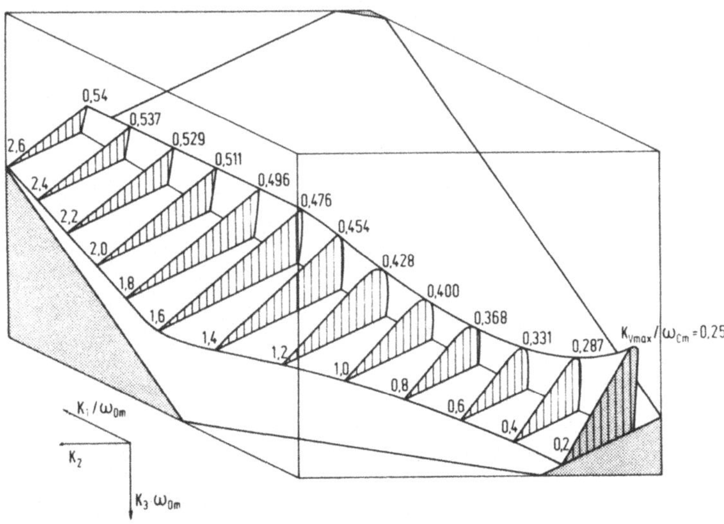

Bild 6.6: Robuster Zustandsreglerentwurf

daß eine bei der Modellbildung zu niedrig angesetzte Dämpfungskonstante D_{0m} innerhalb der K2/K3-Ebene zu einer geringfügig niedrigeren Geschwindigkeitsverstärkung führt. Die Grenzkurve für $D_{0m} = 0$ liegt jedoch innerhalb des durch die Grenzkurven für $D_{0m}>0$ eingeschlossenen Gebietes, so daß die gewünschte Dämpfung des geschlossenen Regelkreises in jedem Fall erreicht wird.

Ein Teil des Lösungskörpers im $\underline{K}$-Raum ist in $\underline{Bild\ 6.6}$ für $D_H = 0,7$ aufgezeigt. Hierbei stellen die schraffierten Gebiete wieder Schnitte des Körpers in der K_2/K_3-Ebene dar bei unterschiedlicher Gewichtung der Ist-Lage durch K_1. Man erkennt, daß mit der Vergrößerung von K_1 weitere Lösungen existieren, die eine weitere Anhebung der Geschwindigkeitsverstärkung erlauben. Die maximale Geschwindigkeitsverstärkung von $K_v/\omega_{0m} = 0,54$ wir in diesem Fall bei $K_1/\omega_{0m} = 2,6$ erreicht.

Ergebnis:

Zur Reduzierung des Inbetriebnahmeaufwands kann somit unter der Voraussetzung einer schwach gedämpften Strukturschwin-

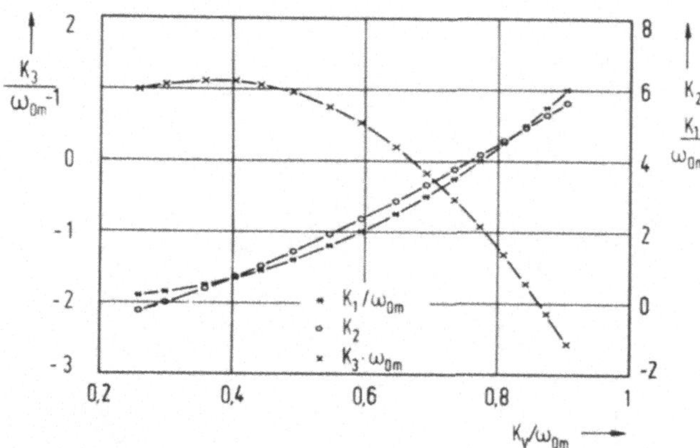

$\underline{Bild\ 6.7}$: Robuster Zustandsreglerentwurf für $D_H = 0,7$
           ($D_{0m} = 0$; $T\omega_{0m} = 0,4$)

gung grundsätzlich $D_{0m} = 0$ vorgegeben werden, so daß sich die Identifikation der Regelstrecke auf die Messung der mechanischen Eigenfrequenz beschränkt.

Für die Abtastzeit $T = 0,4\,\omega_{0m}$ ergibt sich der in <u>Bild 6.7</u> gezeigte Verlauf der Rückführkoeffizienten über der Geschwindigkeitsverstärkung K_v.

6.1.2 <u>Zustandsregler und u_i-Beobachter</u>

Der Reglerentwurf nach Abschnitt 6.1.1 setzt einen idealen Beobachter mit vernachlässigbarer Eigendynamik voraus. Diese Annahme gilt wiederum nur dann, falls das dem Beobachterentwurf zugrundeliegende Modell der Regelstrecke exakt mit dem realen System übereinstimmt, da in diesem Fall Regler- und Beobachterpole unabhängig sind /10/. Der Einfluß von Modellfehlern, d.h. die Empfindlichkeit gegenüber Parameterschwankungen wirkt sich, wie er z.B. in /7/ anhand eines vergleichbaren Beobachters untersucht wurde, in Form eines Schätzfehlers aus, der jedoch durch die Festlegung des Beobachterpoles bei $z_1 \approx 0,4 \dots 0,5$ minimiert werden kann.

Im folgenden soll mit Hilfe des Parameterraumentwurfes ein robuster Regler für eine Bewegungsachse entworfen werden, wobei zu untersuchen ist, wie sich diese Beobachterfehler innerhalb des geschlossenen Regelkreises auswirken.

Entsprechend der Vorgehensweise nach Abschnitt 6.1.1 wird ein gemeinsamer Entwurf für Zustandsregler und Beobachter durchgeführt. Hierzu wird die Zustandsdifferenzengleichung mit den Beobachtergleichungen (Gl. 6.2 und 6.3) zu einem Gesamtsystem

$$
\begin{bmatrix} x_{Mi} \\ u_i \\ a_i \\ u_i \end{bmatrix}(k+1) =
\begin{bmatrix}
1 & 0 & 0 & 0 \\
0 & a_{22} & a_{23} & 0 \\
0 & a_{32} & a_{33} & 0 \\
0 & C_1 a_{32} & C_1 a_{33}+G_3 & G_2
\end{bmatrix}
\begin{bmatrix} x_{Mi} \\ u_i \\ a_i \\ u_i \end{bmatrix}(k) +
\begin{bmatrix} b_1 \\ b_2 \\ b_3 \\ C_1 b_3 + G_0 \end{bmatrix} u_s(k) \qquad (6.8)
$$

$$u_S(k) = -(K_1, 0, K_3, K_4)\,\underline{x}(k) + K_1\,x_S(k) \tag{6.9}$$

zusammengefaßt und das Regelsystem in den Extremstellungen betrachtet. Gemäß den Ergebnissen des vorhergehenden Abschnittes wird der Beobachter für die niedrigste Kennkreisfrequenz $\omega_{0m,min}$ entworfen und eine mechanische Dämpfung $D_{0m} = 0$ angenommen.

Bild 6.8 zeigt am Beispiel der Roboter-Vertikalachse für ein $z_1 = 0,5$ einen Schnitt durch das Lösungsgebiet in der K_4/K_3-Ebene des Parameterraumes bei $K_1/\omega_{0m} = 0,2$ und - gestrichelt eingezeichnet - den vergleichbaren Schnitt in der K_2/K_3-Ebene für das Regelsystem ohne Beobachter.

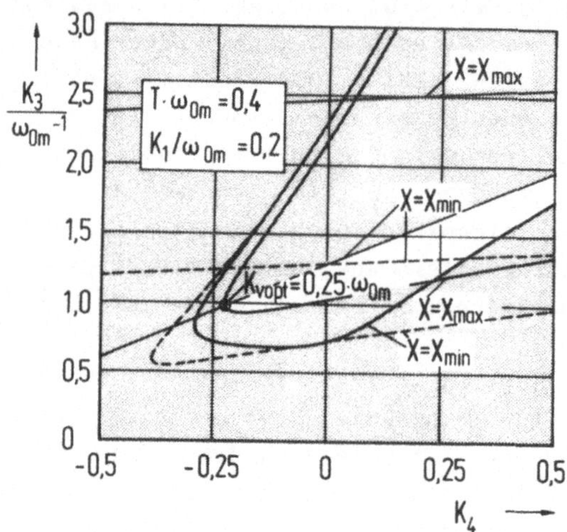

Bild 6.8 : Robuster Entwurf mit u_i-Beobachter für $D_H=0,7$ $D_{0m} = 0,7$; $T\omega_{0m} = 0,4$; $K_1/\omega_{0m} = 0,2$

Dieser Vergleich demonstriert, daß der Beobachter bei fehlerhaftem Modell ($X = X_{min}$) den Bereich der zulässigen Lösungen stärker einschränkt als bei exakter Einstellung bzw. ohne Beobachter.

Um keine Einschränkungen hinsichtlich der Dynamik des Regelkreises hinnehmen zu müssen, ist der Beobachter für die niedrigste Eigenfrequenz zu entwerfen.

Die Beurteilung der Auswirkungen des Beobachterpoles z_1 innerhalb des für $\omega_{0m} = \omega_{0m,min}$ entworfenen Regelkreises wird allgemein anhand des in /1/ formulierten Kriteriums der quadratischen Vergleichsregelfläche I_{SEV} vorgenommen. Es lautet in der Form eines Summenkriteriums

$$I_{SEV} = T \sum_{k=0}^{\infty} (x_{sv}(k) - x_i(k))^2 \qquad (6.10)$$

Die Vergleichsführungsgröße x_{sv} entspricht hierbei der eigentlichen Führungsgröße des Lageregelkreises, ist jedoch um die Laufzeit

$$t_1 = \frac{1}{K_v} \qquad (6.11)$$

verschoben.

Dargestellt ist in __Bild 6.9__ das auf das Ausgangssystem 3. Ordnung bezogene Gütekriterium als Funktion der Geschwindigkeitsverstärkung, bei einer Änderung der mechanischen Eigenfrequenz um 50%. Die Bezugsgröße I_{SEVB} stellt den Wert des Gütekriteriums für den Regelkreis ohne Beobachter dar.

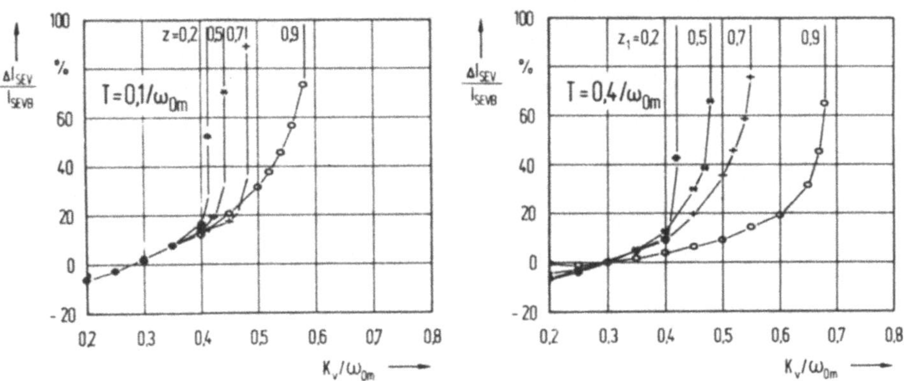

__Bild 6.9 :__ Einfluß des Beobachterpoles z_1

Hieraus geht hervor, daß die geringsten Dynamik Einbußen dann erzielt werden, wenn der Pol möglichst groß ($z_1 \approx 0,9$) gewählt wird. Ein Pol in der Nähe des Ursprungs führt zu einer Verschlechterung der Regelkreisdynamik: Bereits bei relativ niedriger Geschwindigkeitsverstärkung neigt der Regelkreis zur Instabilität.

6.1.3 Strukturempfindlichkeit der Regelung

Bei den Ausführungen des Abschnittes 6.1.1 wurde vorausgesetzt, daß die Eigendynamik des Drehzahlregelkreises gegenüber derjenigen der mechanischen Übertragungsglieder zu vernachlässigen ist.

Zur Untersuchung der Frage, inwieweit diese Vernachlässigung gerechtfertigt ist bzw. wie sich die Eigendynamik des Drehzahlregelkreises auf die Dynamik des Lageregelkreises auswirkt, wird im folgenden angenommen, daß der Drehzahlregelkreis tatsächlich das Zeitverhalten eines Verzögerungsgliedes 2.Ordnung mit der Eigenfrequenz ω_{0A} und der Dämpfung D_{0A} besitzt.

Die Beurteilung der Strukturempfindlichkeit des nach Abschnitt 6.1.1 optimierten Lageregelkreis wird ebenfalls anhand des Kriteriums der quadratischen Vergleichsregelfläche I_{SEV} vorgenommen.

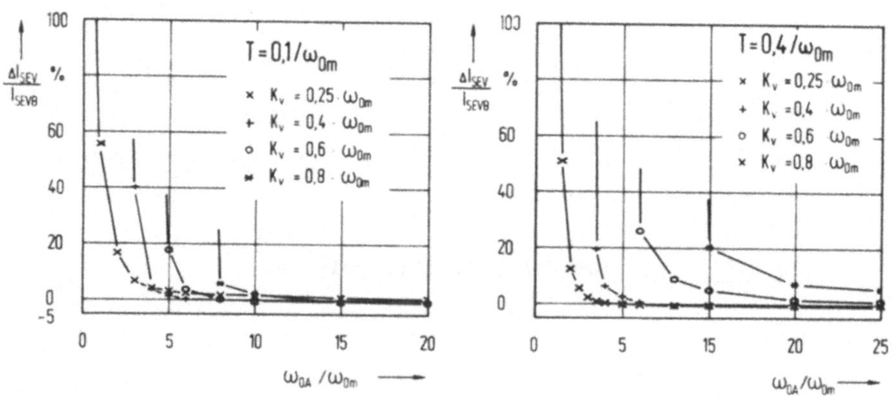

Bild 6.10: Einfluß der Dynamik des Drehzahlregelkreises

Dargestellt in <u>Bild 6.10</u> ist das auf das Ausgangssystem 3. Ordnung nach Bild 6.1 bezogene Gütekriterium als Funktion der auf ω_{0m} normierten Eigenfrequenz des Drehzahlregelkreises ω_{0A} für unterschiedliche Geschwindigkeitsverstärkung K_v des Lageregelkreises.

<u>Ergebnis:</u>

- Mit sinkendem Frequenzverhältnis ω_{0A}/ω_{0m} nimmt generell der Wert des Gütekriteriums zu; d.h. die Dynamik des Lageregelkreises verschlechtert sich bis hin zur Instabilität.
- Die Strukturempfindlichkeit des Regelkreises wächst mit zunehmender Geschwindigkeitsverstärkung K_v.
- Während sich bei einer relativ niedrigen Geschwindigkeitsverstärkung K_v eine Erhöhung der Abtastzeit nur unwesentlich auf die Empfindlichkeit des Regelkreises gegenüber einer vernachlässigten Eigendynamik des Drehzahlregelkreises auswirkt, führt eine hohe Verstärkung des Lagereglers zu einer signifikanten Zunahme der Strukturempfindlichkeit. (vgl. Bild 6.10a mit Bild 4.10b)
- Frequenzverhältnisse von $\omega_{0A}/\omega_{0m} < 3$ erlauben eine nur unbefriedigende Optimierung des Lageregelkreises und sind durch die Miteinbeziehung der Eigendynamik des Drehzahlregelkreises innerhalb der Modellbildung zu berücksichtigen.

6.1.4 Inbetriebnahme der Regelung

<u>Zustandsregler</u>

Wie zu Beginn des 6. Kap. gefordert, sind auf der die Regelaufgaben ausführenden Mikrorechnerkarte auch die Algorithmen zur Unterstützung der Inbetriebnahme zu implementieren. Das in Abschnitt 6.1.1 angewandte Entwurfsverfahren nach /30/ ist jedoch aus folgenden Gründen nur schlecht geeignet, um eine Regleroptimierung vor Ort durchzuführen:

1) Die Entwurfsalgorithmen für die Modellbildung, Diskretisierung und den robusten Reglerentwurf beanspruchen im Mikrorechner ca. 70kB Speicherplatz und lassen sich daher nur schwer in ein Minimalsystem implementieren.

2) Die Optimierung erfolgt im allgemeinen Fall durch visuelle Auswertung der Grenzkurven im Parameterraum; sie erscheint daher für den Anwender nur kompliziert und zeitraubend anwendbar.

Wie die Ausführungen in Abschnitt 6.1.1 zeigten, kann das zum Entwurf des robusten Reglers notwendige Modell der Regelstrecke durch <u>einen</u> Parameter - die Eigenfrequenz der mechanischen Übertragungsglieder ω_{0m} im ungünstigsten Fall, d.h. im Modellfall bei ausgefahrenem Arm - festgelegt werden. Da weiterhin die Abtastzeit T des Reglers als bekannt vorausgesetzt werden darf und die Optimierung auf eine bestimmte Geschwindigkeitsverstärkung K_v vorgenommen wird, sind die Rückführkoeffizienten des Reglers durch diese drei Parameter eindeutig festgelegt.

Aufgrund dieser Ausführungen ist es sinnvoll, die Optimieraufgabe nicht innerhalb der Inbetriebnahmephase zu lösen, sondern vorab einen Algorithmus zu definieren, mit Hilfe dessen eine näherungsweise Berechnung der optimalen Rückführkoeffizienten in Abhängigkeit dieser drei Eingabeparameter erfolgen kann. Dieser ergibt sich unter Berücksichtigung von Gl. 6.7 zu

$$K_{vm} = K_v/\omega_{0m} \tag{6.12}$$

$$T_m = T\omega_{0m} \tag{6.13}$$

$$K_1 = K_{1m}(T_m, K_{vm})\omega_{0m} \tag{6.14}$$

$$K_2 = K_1/(K_v-1) \tag{6.15}$$

$$K_3 = K_{3m}(T_m, K_{vm})/\omega_{0m}. \tag{6.16}$$

Da für die auf die Eigenfrequenz der Mechanik bezogenen Rückführkoeffizienten K_{1m} und K_{3m} (die Normierung auf ω_{0m} wird durch den Index m markiert) eine geschlossene Lösung nicht existiert, werden diese an diskreten Stützstellen berechnet. Diese Stützstellen werden mit Hilfe eines Ausgleichspolynoms in Abhängigkeit der normierten Geschwindigkeitsverstärkung K_{vm} verbunden:

$$K_{im} = \sum_{v=0}^{3} k_{iv}(T_m) \, K_{vm}^{v} \qquad i = 1,\ldots, 3 \qquad (6.17)$$

Für die Koeffizienten k_i des Ausgleichpolynoms kann innerhalb des Intervalls

$$0,05 < T_m < 0,8$$

wiederum mit guter Genauigkeit eine lineare bzw. quadratische Abhängigkeit zur Abtastzeit T_m angegeben werden:

$$k_{iv} = \sum_{j=0}^{2} c_{ivj} \, T_m^{v} \qquad (6.18)$$

mit den in <u>Tabelle 6.1</u> aufgeführten Koeffizienten.

	c_{1vj}			c_{3vj}		
$v\backslash j$	0	1	2	0	1	2
0	-,00105	-,30651	-,24294	-0,066	-0,57421	0
1	-,00109	-4,39625	3,585	6,619	1,6995	0
2	0,18077	18,0987	-13,6769	-1,991	-16,753	4,958
3	12,8809	-30,2307	19,4439	-11,877	26,232	-12,04

<u>Tabelle 6.1:</u> Koeffizienten der Ausgleichspolynome zur Berechnung der Rückführkoeffizienten

<u>Bild 6.11</u> zeigt den Verlauf der so approximierten Rückführkoeffizienten über der Geschwindigkeitsverstärkung K_v für unterschiedliche Abtastzeit T.

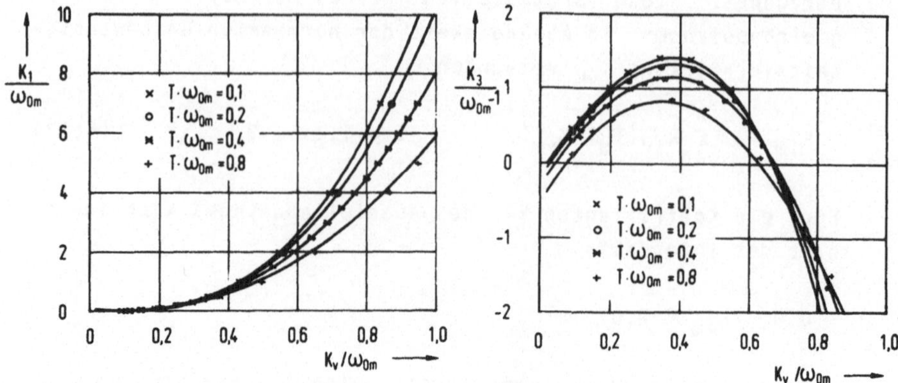

Bild 6.11: Approximation der Rückführkoeffizienten K_1 und K_3 durch ein Ausgleichspolynom

Geringfügige Abweichungen von den exakten Stützpunkten (markiert duch Symbole) treten nur für große Abtastzeiten $T \cdot \omega_{0m} = 0,8$ auf.

<u>u_i-Beobachter:</u>

Ebenso wie für den Zustandsregler soll im folgenden für den u_i-Beobachter ein vereinfachter Inbetriebnahmealgorithmus angegeben werden, welcher zur Berechnung der Beobachterkoeffizienten lediglich die Kenntnis der mechanischen Eigenfrequenz ω_{0m} und der Abtastzeit T_m erfordert. Für die Beobachterkoeffizienten der Gleichung 6.2 und 6.3 ergibt sich folgender Zusammenhang zu den Elementen der diskreten Zustandsmatrix a_{ij} sowie zum Beobachterpol z_1:

$$C_1 = \frac{z_1 - a_{22}}{a_{23}\,\omega_{0m}^2} \tag{6.19}$$

$$G_0 = 1 - z_1 \tag{6.20}$$

$$G_2 = z_1 \tag{6.21}$$

$$G_3 = a_{23} - a_{22} - z_1. \tag{6.22}$$

Diese Elemente der Zustandsmatrix sind Funktionen der Abtastzeit T und der Eigenfrequenz ω_{0m}, __Bild 6.12__.

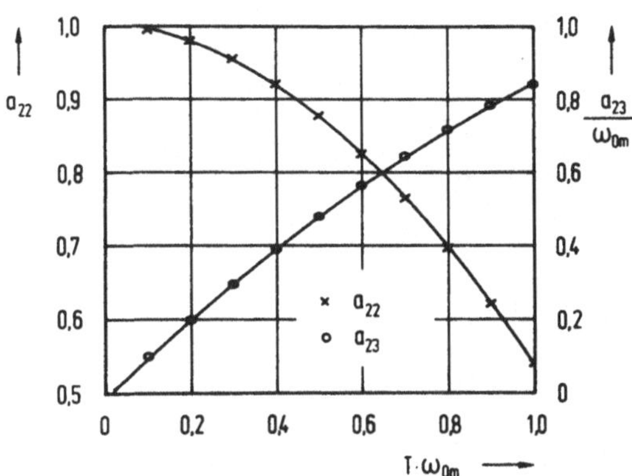

__Bild 6.12:__ Approximation der Elemente a_{22} und a_{23} der diskreten Zustandsmatrix $\underline{A}$

Sie lassen sich innerhalb des Intervalls
$$0,05 < T_m < 1$$
mit guter Genauigkeit durch ein Polynom 2. Ordnung approximieren

$$a_{22} = \sum_{\nu=0}^{2} a_{22\nu} \, T_m^{\nu} \tag{6.23}$$

$$a_{23} = \frac{1}{\omega_{0m}} \sum_{\nu=0}^{2} a_{23\nu} \, T_m^{\nu} \tag{6.24}$$

mit den in __Tabelle 6.2__ aufgeführten Werten.

	v		
	0	1	2
a_{22}	1,0061	-0,0491	-0.419
a_{23}	-0,0127	1,1145	-0,25691

Tabelle 6.2: Koeffizienten zur Approximation der Elemente der Zustandsmatrix

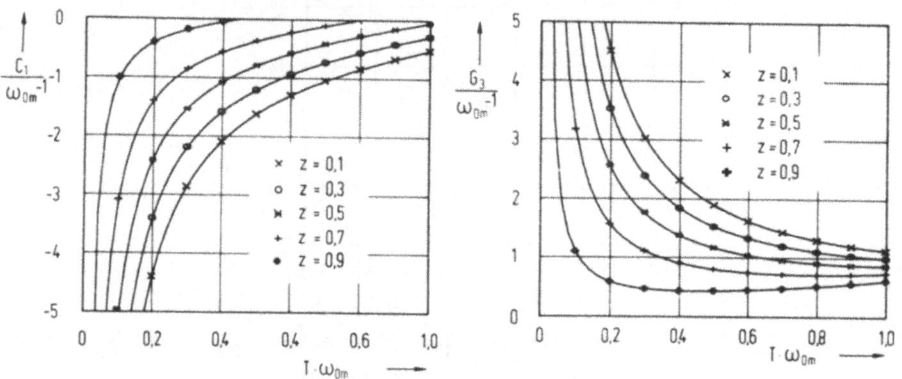

Bild 6.13: Approximation der Beobachterkoeffizienten C_1 und G_3 durch ein Ausgleichspolynom

Bild 6.13 zeigt den Verlauf der so approximierten Beobachterkoeffizienten C_1 und G_3 über der Abtastzeit T mit dem Beobachterpol z_1 als Parameter. Es ergibt sich eine gute Übereinstimmung mit den exakt berechneten Werten (im Bild markiert durch je ein Symbol).

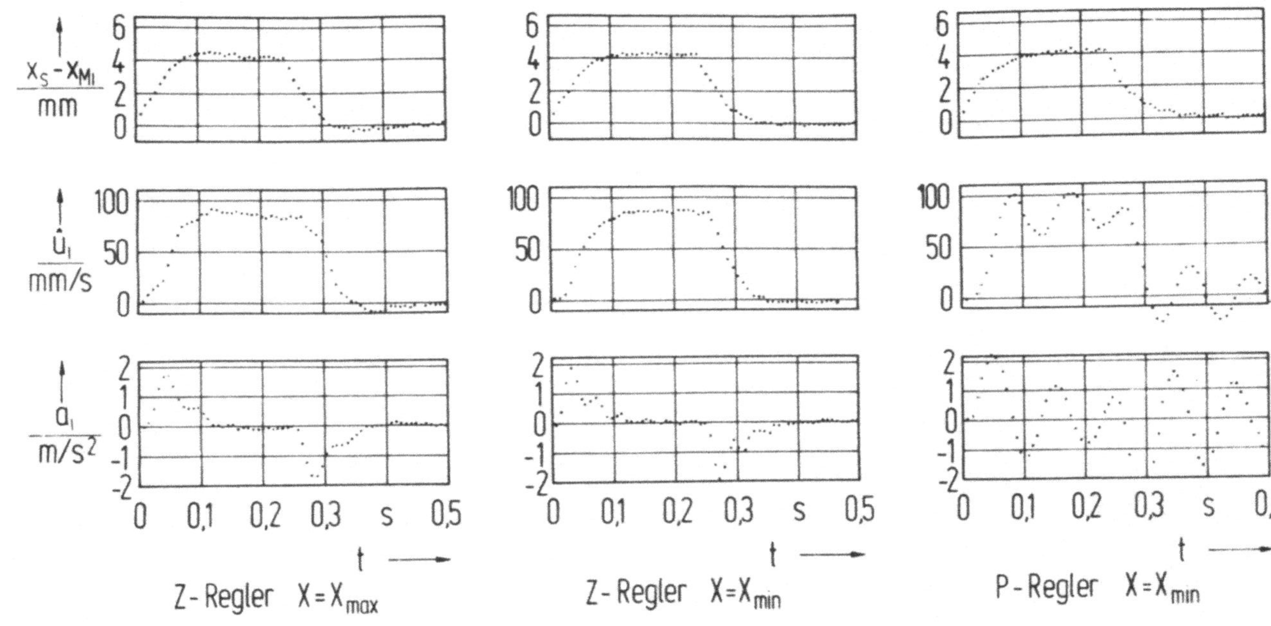

Bild 6.14: Verlauf der Lagedifferenz $x_S - x_{Mi}$, der geschätzten Armgeschwindigkeit u_i und der Ist-Beschleunigung a_i des Roboterarmes in Z-Richtung bei einem Positioniervorgang. (u_B= 80mm/s; K_v= 20s^{-1}; z_1= 0,9; T= 8ms)

Ausgeführte Regelung der Roboter-Vertikalachse

Das wesentlich verbesserte dynamische Verhalten dieser Regelung gegenüber der konventionellen Lageregelung zeigt sich im zeitlichen Verlauf der Lagedifferenz $x_s - x_{Mi}$, der beobachteten Armgeschwindigkeit u_i und der Beschleunigung a_i bei rampenförmigem Eingangssignal, __Bild 6.14__.
Eine weitere Erhöhung der Geschwindigkeitsverstärkung K_v über den eingestellten Wert von $K_v = 20s^{-1}$ hinaus führt zu einer Verschlechterung des Positionierverhaltens, da die Eigendynamik des Drehzahlregelkreises (siehe Bild 6.10) und weitere mechanische Eigenfrequenzen des Industrieroboters verstärkt das Gesamtverhalten des Regelkreises beeinflussen.

6.2 __Teilzustandsvektorrückführung__

6.2.1 __Entwurf__

Betrachtet man Bild 6.2, so ist zu erkennen, daß das zulässige Gebiet Lösungen für $K_2 = 0$ enthält und somit auch auf die Rückführung der Ist-Geschwindigkeit verzichtet werden kann.
Für die Realisierung der Regelung bedeutet dies, daß hierdurch der Beobachter entfallen kann, wodurch sowohl die Inbetriebnahme erleichtert wird als auch Rechenzeit beim Abarbeiten des Regelalgorithmus eingespart wird. __Bild 6.15__ zeigt das Blockschaltbild dieser Regelung. Zur Darstellung des genannten Lösungsgebietes für den Fall $K_2 = 0$ kann, wie am Beispiel der Z-Achse des Roboters in Bild 6.16 gezeigt, ein Schnitt durch die K_1/K_3-Ebene vorgenommen werden. Das Optimum, d.h. die größtmögliche Geschwindigkeitsverstärkung bei einer gewünschten Dämpfung $D_H = 0{,}7$ ergibt sich hier mit $K_v = 13{,}5 \ s^{-1}$ wieder auf dem Rand der komplexen Grenzkurven für $X = X_{max}$.
Hieraus resultiert durch Aufschaltung der Ist-Beschleunigung das in __Bild 6.17__ gezeigte Zeitverhalten des Roboterarms nach einem Führungssprung.

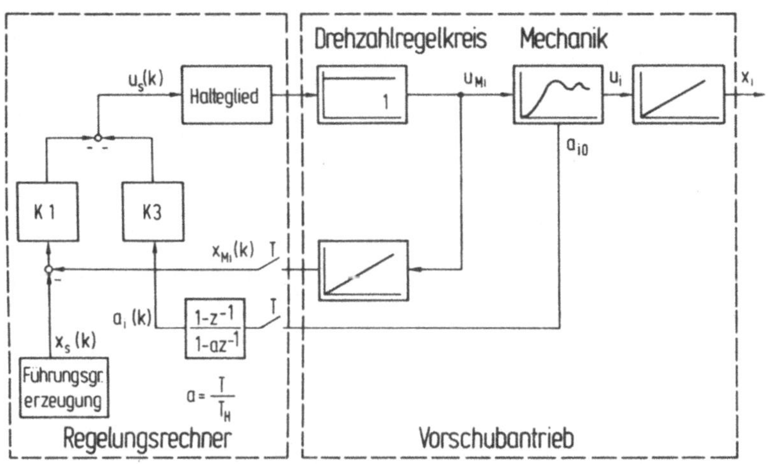

Bild 6.15: Blockschaltbild der Regelung mit Beschleunigungsrückführung

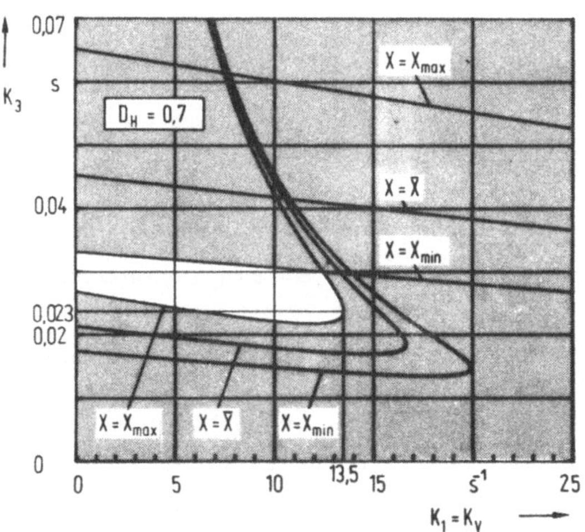

Bild 6.16: Robuster Entwurf einer Teilzustandsgrößenrückführung für die Z-Achse; $D_H = 0,7$

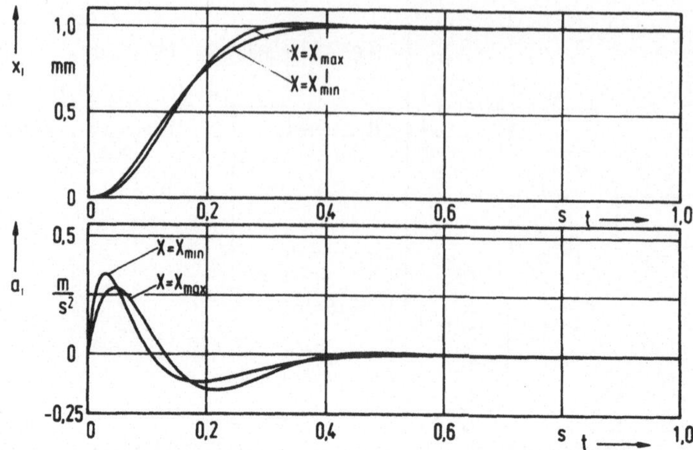

Bild 6.17: Verlauf der Ist-Lage x_i und der Ist-Beschleunigung a_i bei sprungförmiger Anregung des Roboterarmes und Beschleunigungsrückführung ($K_1 = K_v = 13{,}5\ \mathrm{s}^{-1}$; $K_3 = 0{,}023\ \mathrm{s}$; $D_H = 0{,}7$)

6.2.2   Inbetriebnahme

Optimierungsstrategie

Das Verfahren des robusten Reglerentwurfs erlaubt, eine Vorgehensweise zur selbsttätigen Einstellung der Reglerparameter K_1 und K_3 zu finden.

Ziel dieser Methode soll sein, mit nur sehr vagen Kenntnissen bezüglich der dynamischen Eigenschaften der Regelstrecke einen iterativen Weg in das robuste Optimum zu finden, ohne daß instabile Bereiche durchschritten werden.

Sie setzt dabei allerdings die in Bild 4.5 dargestellte Struktur der Regelstrecke voraus (Kennkreisfrequenz des Antriebsmotors vernachlässigbar), was bei Roboterhauptachsen mit Harmonic-Drive-Getrieben in Verbindung mit hochdynamischen Motoren häufig erfüllt ist.

In diesem Fall hängt entsprechend Abschnitt 6.1.1 die Einstellung der optimalen Rückführkoeffizienten im wesentlichen nur noch von der Kennkreisfrequenz der mechanischen Übertragungsglieder und der Abtastzeit T ab, und es gilt:

$$K_{1opt} = K_{vopt} = k_{1opt}(T)\ \omega_{0m} \tag{6.25}$$

bzw.

$$K_{3opt} = k_{3opt}(T)/\omega_{0m} \tag{6.26}$$

Mit der gewünschten Systemdämpfung $D_H = 0,7$ ergibt sich der in __Bild 6.18__ gezeigte Verlauf der auf ω_{0m} bezogenen Rückführkoeffizienten in Abhängigkeit der ebenfalls auf die Kennkreisfrequenz bezogenen Abtastzeit des Reglers. Da die Abtastzeit in der Regel vorgegeben ist, beschränkt sich die Optimierung entsprechend Gl. 6.25 und 6.26 auf die Festlegung der Grundfrequenz der mechanischen Übertragungsglieder ω_{0m}.

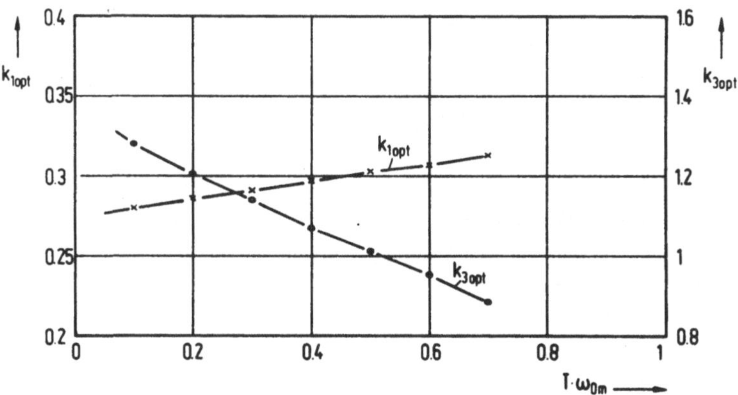

__Bild 6.18:__ Bezogene optimale Rückführkoeffizienten in
Abhängigkeit der Abtastzeit T

Die Bestimmung dieses Parameters kann z.B. durch eine Offline-Identifikation /38/ vorgenommen werden. Diese Verfahren sind im Mikrorechner nur mit relativ hohem Aufwand zu verwirklichen, weil in der Regel mit hoher Genauigkeit und mit Gleitkommaarithmetik gerechnet werden muß /38/.

Eine weitere Möglichkeit, die im folgenden dargestellt werden soll, beschränkt sich darauf, mit Hilfe eines Gütekriteriums durch einen eindimensionalen Suchvorgang unmittelbar die Rückführkoeffizienten zu bestimmen. Hierbei muß allerdings gewährleistet sein, daß bei der Selbstoptimierung des Regelsystems niemals instabile Prozeßzustände erreicht werden können.

Entsprechend Gl. 6.25 und Gl. 6.26 bewegen sich die Rückführkoeffizienten mit einer variablen Vorgabefrequenz ω_{0v} auf einer hyperbolischen Bahn im K_1/K_3 Parameterraum. Diese Kurve ist im __Bild 6.19__ gestrichelt zusammen mit den Grenzkurven konstanter Dämpfung D_H nach den Gleichungen 6.27 und 6.28,

$$K_1 = k_{1opt}\, \omega_{0v} \tag{6.27}$$

$$K_3 = k_{3opt}/\omega_{0v} \tag{6.28}$$

dargestellt für eine Abtastzeit $T = 0,2\,\omega_{0m}$. Hieraus ist ersichtlich, daß der Startwert ω_{0v} für die Optimierung nur sehr grob bekannt sein muß:

Zu niedrig angesetzte Startwerte führen dann zur Instabilität, wenn die exakte Lösung ω_{0m} um mehr als das Fünffache des Startwertes entfernt ist: Ab etwa

$$\omega_{0v} > 0,2\,\omega_{0m}$$

durchläuft die Kurve dann Bereiche mit sehr gut gedämpftem Einschwingverhalten.

Ein zu hoch gewählter Startwert entdämpft dagegen immer den Regelkreis, wobei jedoch auch hier erst ab etwa

$$\omega_{0v} > 3\,\omega_{0m}$$

mit Instabilität zu rechnen ist.
Der Suchvorgang wird daher stets mit einem Startwert ω_{0v} beginnen, der niedriger liegt als die Eigenfrequenz des mechanischen Systems ω_{0m}.

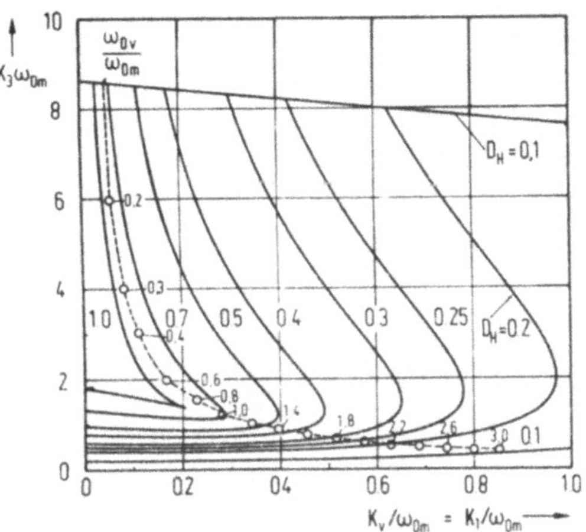

Bild 6.19: Verlauf der Rückführkoeffizienten im K_1/K_3-Parameterraum bei fehlerhaft angenommener Eigenfrequenz ω_{0m} (T = 0,2ω_{0m})

<u>Optimierungskriterium</u>

Zweite Voraussetzung für eine automatische Inbetriebnahme ist die Wahl eines geeigneten Gütekriteriums. Für eine automatische Inbetriebnahme mit dem Regelungsrechner sollte dieses Kriterium folgende Eigenschaften haben:

a) Das gefundene Optimum soll robust sein, d.h. die Lösung sollte in der Nähe des mit Hilfe des robusten Entwurfsverfahren gefundenen Optimum liegen.

b) Der Algorithmus sollte einfach realisierbar sein, da eine rekursive Berechnung vom Regelungsrechner innerhalb eines Abtastschrittes erfolgen muß.

c) Aus Gründen einer schnellen Inbetriebnahme sollten sprungförmige Anregungssignale ausgewertet werden können.
Diese Testfunktion stellt einen Extremfall dar, welcher beim Verfahren von kleinen Bahnabschnitten mit hoher Vorschubgeschwindigkeit näherungsweise angenommen werden kann und liefert insbesondere zur Beurteilung der Dämpfungseigenschaft des Regelkreises eine schärfere Aussage als z.B. die zum Vergleich von Lageregelungen sonst üblichen Rampenfunktionen.

d) Das Kriterium soll ein ausgeprägtes Extremum besitzen und damit sowohl auf ein langsames, aperiodisches Einfahren in die Endposition als auch auf Überschwingen empfindlich reagieren.

Zur Beurteilung des dynamischen Verhaltens können für die automatische Inbetriebnahme die direkte Auswertung der Zeitfunktion z.B. durch Minimierung der Anregelzeit T_{an} der Sprungantwort oder durch Erfassung der prozentualen Überschwingweite $\ddot{u}_a$ /4/, /2/ betrachtet werden. Wenngleich die Anregelzeit häufig zur Beurteilung der Dynamik eines Regelsystems herangezogen wird /39/, kann hieraus jedoch nur schwer eine Optimiervorschrift unter Berücksichtigung der Systemdämpfung abgeleitet werden. Aus diesem Grund ist es sinnvoll, zur Ableitung der Optimiervorschrift die Systemdämpfung zu betrachten und unmittelbar die Überschwingweite auszuwerten.
Entsprechend **Bild 6.20** bedingt die Erhöhung der Bezugsfrequenz ω_{0v} der Rückführkoeffizienten einen stetigen Anstieg der Überschwingweite $\ddot{u}_a$ (Anregung durch Sollwertsprung). Bis zum "robusten Optimum", das heißt für

$$\omega_{0v} < \omega_{0m}$$

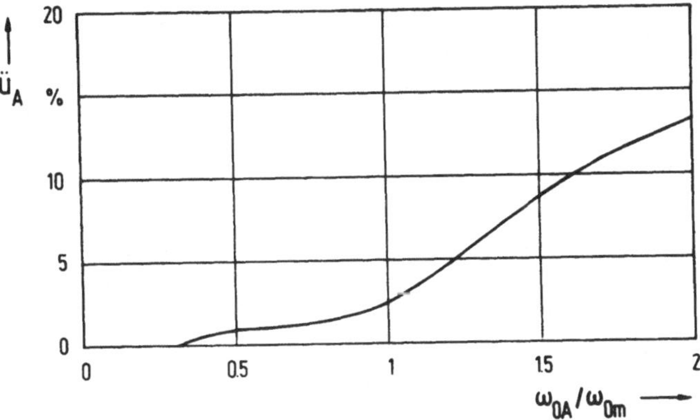

<u>**Bild 6.20:**</u> Kriterium: Überschwingweite

führt eine Erhöhung von ω_{0v} nur zu einer geringfügigen Zunahme der Überschwingweite (entsprechend Bild 6.19 durchläuft die Optimierkurve im Parameterraum Gebiete mit annähernd konstanter Dämpfung), um dann für

$$\omega_{0v} > \omega_{0m}$$

sehr schnell anzusteigen. Im Optimum ($\omega_{0v} = \omega_{0m}$) beträgt die Überschwingweite dann ca. 2,5%.

Neben der direkten Auswertung der Zeitfunktion können für die automatische Inbetriebnahme die zu Beurteilung von Abtastsystemen üblichen Summenkriterien betrachtet werden. Für die Optimierung von Lageregelungen wurden bisher (/40/, /1/) im wesentlichen quadratische Gütekriterien verwendet, wobei sich insbesondere das in /1/ formulierte Kriterium der quadratischen Vergleichsregelfläche I_{SEV} als günstig erwies. Es lautet in der für die Auswertung mit dem Mikrorechner geeigneten Form als Summenkriterium:

$$I_{SEV} = T \sum_{k=0}^{\infty} (x_{sv}(k) - x_i(k))^2. \qquad (6.29)$$

Werden mit Gl. 6.29 die Vergleichsregelflächen in Abhängigkeit der Bezugsfrequenzen ω_{0v} berechnet, so ergibt sich der in __Bild 6.21__ gezeigte Verlauf.

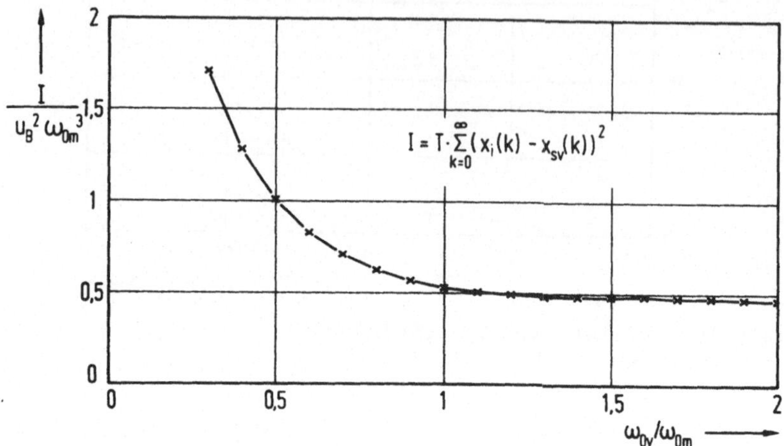

__Bild 6.21:__ Quadratische Vergleichsregelfläche I_{SEV} als Funktion der Bezugsfrequenz ω_{0v}

Dieses Gütekriterium wertet insbesondere langsames, aperiodisches Einfahren in die Endposition, nicht jedoch Überschwingen und eignet sich aus diesem Grund nicht für eine automatische Inbetriebnahme.

Gesucht ist eine Gütefunktion, welche eine stärkere Beurteilung der Schwingneigung erlaubt, d.h. der Gewichtung von Regelabweichungen, die erst nach längerer Zeit abklingen. Das Kriterium muß somit eine Zeitgewichtung der Regelabweichung erlauben. In diese Kategorie fällt das ITSE-Kriterium (__I__ntegral of __T__ime multiplied __S__quared __E__rror) bzw. das ISTSE-Kriterium (__I__ntegral of __S__quared __T__ime __S__quared __E__rror), deren Summendarstellung in Gleichung 6.30 bzw. Gleichung 6.31 angegeben ist.

$$I_{TSE} = T^2 \sum_{k=0}^{\infty} (x_s(k) - x_i))^2 \, k \qquad\qquad (6.30)$$

$$I_{STSE} = T^3 \sum_{k=0}^{\infty} (x_s(k) - x_i(k))^2 \, k^2 \qquad (6.31)$$

Diese Kriterien neigen ebenfalls dazu, infolge der quadratischen Gewichtung die große Regelabweichung zu Beginn des Einschwingvorganges überzubewerten, so daß erst bei quadratischer Gewichtung des Zeitfaktors ein - allerdings sehr weit nach hohen K_v-Werten hin verschobenes - Minimum auftritt; <u>Bild 6.22</u>, Kurve x und Kurve 0.

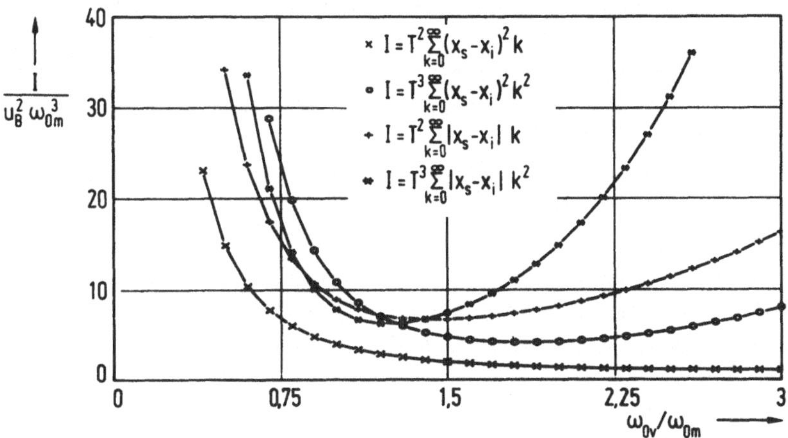

<u>Bild 6.22:</u> Zeitgewichtete Summenkriterien als Funktion der Bezugsfrequenz ω_{0v}

Erst eine lineare Gewichtung der Regelabweichung und eine lineare bzw. quadratische Gewichtung der Zeit entsprechend

$$I_{TAE} = T^2 \sum_{k=0}^{\infty} |x_s(k) - x_i(k)| \, k \qquad (6.32)$$

$$I_{STAE} = T^3 \sum_{k=0}^{\infty} |x_s(k) - x_i(k)| \, k^2 \qquad (6.33)$$

führt dann zu einem ausgeprägten Minimum der Regelflächen bei Variation der Rückführkoeffizienten nach den Gleichungen 6.27 und 6.28. Der Verlauf dieser Gütekriterien ist in Bild 6.22 durch die Kurve + und die Kurve * dargestellt. Infolge der großen Regeldifferenz, die unmittelbar nach erfolgtem Sollwertsprung auftritt, liegt das Minimum der Gütekriterien wieder oberhalb des "robusten Optimums" bei $\omega_{0v}/\omega_{0m} = 1{,}5$ bzw $\omega_{0v}/\omega_{0m} = 1{,}2$ mit einer Überschwingweite $\ddot{u}_a = 6\%$ bzw. $\ddot{u}_a = 9\%$.

Da ein Extremum in der Nähe des "robusten Optimums" bei $\omega_{0v}/\omega_{0m} = 1$ gewünscht ist, sind die Kriterien zu modifizieren. Dies kann dadurch geschehen, daß die Summation der Regelflächen nicht unmittelbar nach dem Sollwertsprung gestartet wird, sondern um eine Verzugszeit t_v später.

Da hiermit die überproportionale Gewichtung der Anfangsregeldifferenz ausgeblendet wird, erhält die unerwünschte Überschwingabweichung starken Einfluß auf die Endsumme. Dies gilt verstärkt dann, wenn eine Gütefunktion wie z.B. nach Gleichung 6.30 bzw. 6.32 eine quadratische Zeitgewichtung beinhaltet. Wird die Verzugszeit t_v entsprechend dem Kriterium der Vergleichsregelflächen /1/ von der Signallaufzeit abhängig gemacht, d.h.

$$t_v = \frac{\text{const}}{K_v} \, , \tag{6.34}$$

folgen daraus bei einer quadratischen Fehlergewichtung

$$I_{STSEM} = T^3 \sum_{k>k_v}^{\infty} \left((x_s(k) - x_i(k))^2 \, (k-k_v)^2 \right) \tag{6.35}$$

$$(k_v = t_v/T)$$

die in Bild 6.23 gezeigten Kurven mit einem Minimum in der Nähe des gewünschten Optimums, dessen Lage durch die Verzugszeit t_v zu beeinflussen ist.

Für die betragslineare Fehlergewichtung

$$I_{STAEM} = T^3 \sum_{k>k_v}^{\infty} |x_s(k) - x_i(k)| \ (k-k_v)^2 \qquad (6.36)$$

$(k_v = t_v/T)$

ergeben sich die in __Bild 6.24__ gezeigten Verläufe. Ein Ver-

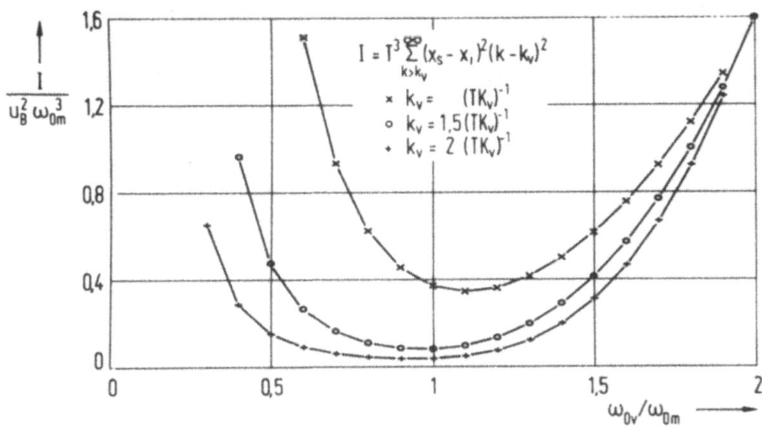

__Bild 6.23:__ Quadratisches Summenkriterium, modifiziert

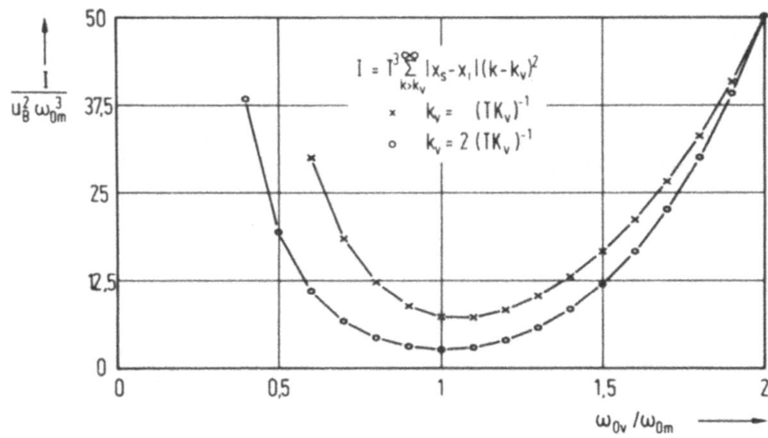

__Bild 6.24:__ Betragslineares Summenkriterium, modifiziert

gleich mit Bild 6.23 macht deutlich, daß dieses Kriterium
ein ausgeprägteres Minimum liefert und daher aufgrund dieser höheren "Trennschärfe" für die Selbstoptimierung günstig ist.

Ablauf der Inbetriebnahme

Aus den in den vorherigen Abschnitten gemachten Überlegungen
heraus kann mit Hilfe des Gütekriteriums nach Gl. 6.35 die
Inbetriebnahme der Regelung durch iterative Annäherung an
das robuste Optimum erfolgen.
Aufgrund der großen Robustheit des Regelsystemes gegenüber
ω_{0v} können dabei die ersten Suchschritte sehr groß gewählt
werden. Die ersten Verbesserungen von ω_{0v} führen zu

$$\omega_{0v}(k) = \omega_{0v}(k-1)(1+\Delta_z), \qquad (6.37)$$

wobei als Startwert für den Zuwachs $\Delta_z = 0,5$ gewählt werden
kann. Liegt bei erneutem Auswerten der Testsprungantwort
der aktuelle Wert des Gütekriteriums höher als der vorange-
gangene Wert, ergibt sich Δ_z durch Halbieren des alten Wer-
tes

$$\Delta_z(k) = -\frac{1}{2}\Delta_z(k-1). \qquad (6.38)$$

Bei Vorzeichenwechsel wird das entsprechende Subintervall
fortlaufend halbiert, bis die Änderung des Gütekriteriums

$$\Delta I(k) = \frac{I(k) - I(k-1)}{I(k-1)} \qquad (6.39)$$

innerhalb eines vorgegebenen Toleranzbandes liegt.
Bild 6.25 zeigt den Verlauf der Inbetriebnahme für verschiedene Startwerte ω_{0v}.

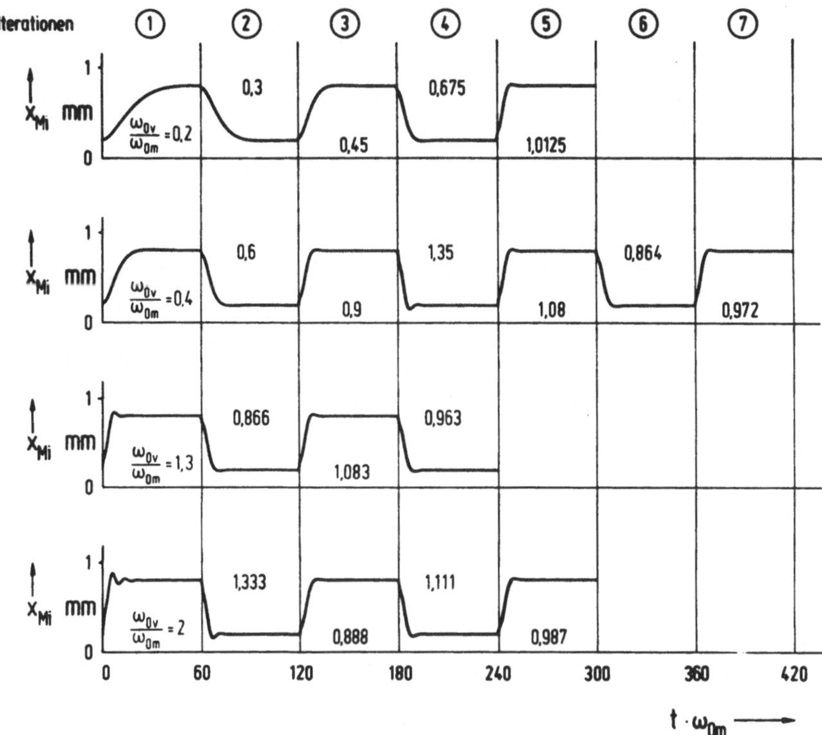

Bild 6.25: Inbetriebnahme des robusten Reglers in Abhängigkeit unterschiedlicher Startwerte

Die Zeitverläufe zeigen, daß selbst bei ungünstiger Wahl des Startpunktes die Optimierung nach wenigen Schritten abgeschlossen ist, falls die zulässige Überschwingweite zwischen 2% und 3% liegen darf. Innerhalb dieses Toleranzbandes ist damit ω_{0m} auf $\pm$ 5% genau festgelegt. Gemäß Abschnitt 6.3.1 ist die gefundene Reglereinstellung stets gut gedämpft, falls sich die mechanische Eigenfrequenz vergrößert, so daß die Inbetriebnahme in der Stellung der niedrigsten Eigenfrequenz zu erfolgen hat.

7   <u>Untersuchung der diskreten Lageregelung einer Bewegungsachse mit zwei Eigenschwingungen</u>

Wie in Abschnitt 6.1.3 gezeigt wurde, ist die Vernachlässigung weiterer Eigenschwingungen der Regelstrecke nur dann zulässig, falls diese wesentlich höher liegen als die dominierende Eigenfrequenz ($\omega_1 > 3...5\ \omega_0$).
Zur weiteren Untersuchung von Lageregelungen werden solche Bewegungsachsen betrachtet, bei welchen diese Vernachlässigung unzulässig und die Regelstrecke durch das in Abschnitt 4.1 beschriebene Modell 5. Ordnung zu approximieren ist und damit sowohl die Kennkreisfrequenz der mechanischen Übertragungsglieder ω_{0m} als auch diejenige des Drehzahlregelkreises ω_{0A} berücksichtigt werden muß.
Betrachtet wird die in Abschnitt 4.1 vorgestellte lineare Vorschubeinheit.

7.1   <u>Reglerentwurf</u>

Zur Auswahl und Entwicklung von Regeleinrichtungen für diese Klasse von Bewegungsachsen gelten auch hier die in Kapitel 6 genannten Ziele.
Zur Untersuchung von Parametereinflüssen auf das Regelverhalten wird das Differentialgleichungssystem nach Gl. 4.3 auf die Kennkreisfrequenz des Nominalsystems ω_{0AN} bezogen.

$$
d\begin{bmatrix} x_1 \\ x_2 \\ x_3 \\ x_4 \\ x_5 \end{bmatrix}/dt_{0A} =
\begin{bmatrix}
0 & 1 & 0 & 0 & 0 \\
0 & 0 & \eta/\Omega & 0 & 0 \\
0 & -\eta\Omega & -2D_{0m}\eta & \eta\Omega & 0 \\
0 & 0 & 0 & 0 & 1 \\
0 & C_K\Omega^2 & 0 & -(1+C_K)\Omega^2 & -2D_{0A}\Omega
\end{bmatrix}
\begin{bmatrix} x_1 \\ x_2 \\ x_3 \\ x_4 \\ x_5 \end{bmatrix} +
\begin{bmatrix} 0 \\ 0 \\ 0 \\ 0 \\ \Omega^2 \end{bmatrix} u_s
$$

$$\begin{bmatrix} x_i \\ u_i \\ a_i \\ u_{Mi} \\ a_{Mi} \end{bmatrix} = \begin{bmatrix} \omega_{0A} & 0 & 0 & 0 & 0 \\ 0 & 1 & 0 & 0 & 0 \\ 0 & 0 & \omega_{0A}^{-1} & 0 & 0 \\ 0 & 0 & 0 & 1 & 0 \\ 0 & 0 & 0 & 0 & \omega_{0A}^{-1} \end{bmatrix} \begin{bmatrix} x_1 \\ x_2 \\ x_3 \\ x_4 \\ x_5 \end{bmatrix} \qquad (7.1)$$

$$\eta = \frac{\omega_{0m}}{\omega_{0AN}} \; ; \qquad t_{0A} = t\,\omega_{0AN}$$

Die Abweichung der realen Kennkreisfrequenz von diesem Referenzparameter wird ausgedrückt durch:

$$\Omega = \frac{\omega_{0A,\,real}}{\omega_{0A,\,nominal}} = \frac{\omega_{0A}}{\omega_{0AN}} \qquad (7.2)$$

Für den Fall, der im folgenden betrachtet wird, werden die Parameter der Regelstrecke nach Bild 4.1 entsprechend den gemessenen und in Tabelle 4.1 aufgeführten Kenngrößen gewählt (Nominalsystem).
Der Entwurf des Regelsystems soll sowohl für das Nominalsystem als auch für Abweichungen der Parameter erfolgen, auf die der Regelkreis empfindlich reagiert, nämlich ω_{0m} und ω_{0A}. Es werden jeweils Änderungen von $\pm$ 20% zum Nominalsystem betrachtet, (Tabelle 7.1).

Die Beurteilung der Entwurfsverfahren soll im wesentlichen nach den Kriterien

- Einschwingverhalten
- Inbetriebnahmeaufwand der Regelung
- Parameterempfindlichkeit

erfolgen.

	θ					Bemerkung
	ω_{0A} 1/s	D_A	ω_{0m} 1/s	D_{0m}	C_K	
1	155	0,5	87,5	0.04	0.12	nominal
2	155	0,5	105	0.04	0.12	ω_{0m}+20%
3	155	0,5	70	0.04	0.12	ω_{0m}-20%
4	186	0,5	87,5	0.04	0.12	ω_{0A}+20%
5	124	0,5	87,5	0.04	0.12	ω_{0A}-20%

__Tabelle 7.1:__ Parametervektoren zur Untersuchung der Parameterempfindlichkeit

7.1.1   __Quadratisches Gütekriterium__

Wie in /7/ gezeigt wurde, konnte für die dort untersuchten
Regelstrecken das allgemeine Kriterium nach Gl. 3.1 auf den
Parameter zur Gewichtung der Stellgröße u_S und den der Ist-
Position x_i reduziert werden:

$$I = \sum_{k=0}^{\infty} (q_1 \, \omega_{0A}^{2} \, x_i(k)^2 + u_S(k)^2) \tag{7.3}$$

Dieses Kriterium erweist sich, wie __Bild 7.1__ zeigt, für
schwach gedämpfte , mechanische Systeme nur als bedingt
geeignet. Das Bild zeigt die Simulationsergebnisse für
den zustandsgeregelten Vorschubantrieb 5. Ordnung mit den
Streckenparametern des Nominalsystems. Dargestellt ist
die Überschwingabweichung $ü_a$ der Sprungantwort über der
Geschwindigkeitsverstärkung K_v/ ω_{0A} als Funktion des Bewer-
tungsparameters der Ist-Position q_1.

Man erkennt, daß nur für eine niedrige Geschwindigkeitsverstärkung $K_v/\omega_{0A} < 0,1$ eine ausreichende Dämpfung des
Regelsystems vorhanden ist.

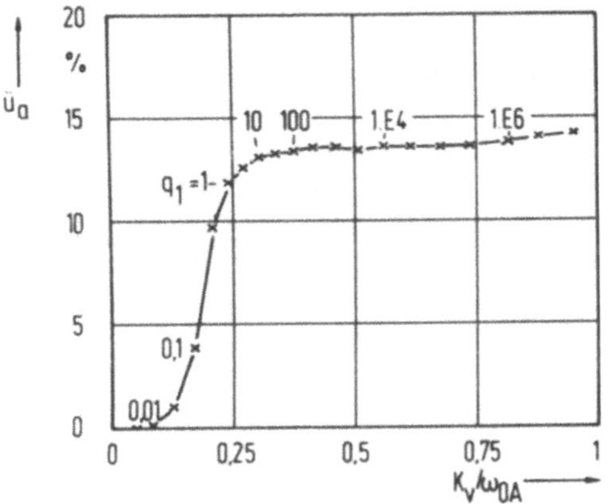

__Bild 7.1 :__ Überschwingabweichung $\ddot{u}_a$ und Geschwindigkeitsverstärkung K_v/ω_{0A} als Funktion von q_1

Wird das Gütekriterium um die Gleichung der Tisch-Geschwindigkeit u_i durch q_2 bzw. der Tisch-Beschleunigung a_i durch
q_3 erweitert,

$$I = \sum_{k=0}^{\infty} (q_1\omega_{0A}^2 x_i(k)^2 + q_2 u_i(k)^2 + u_s(k)^2) \qquad (7.4)$$

$$I = \sum_{k=0}^{\infty} (q_1\omega_{0A}^2 x_i(k)^2 + q_3/\omega_{0A}^2 a_i(k)^2 + u_s(k)^2) \qquad (7.5)$$

dann läßt sich, wie __Bild 7.2__ zeigt, die Dämpfung des mechanischen Systems gezielt beeinflussen und die Überschwingabweichung auf ca. __4%__ (bei Gewichtung der Tisch-Beschleunigung) bzw. __0%__ (bei Gewichtung der Tisch-Geschwindigkeit)
reduzieren.

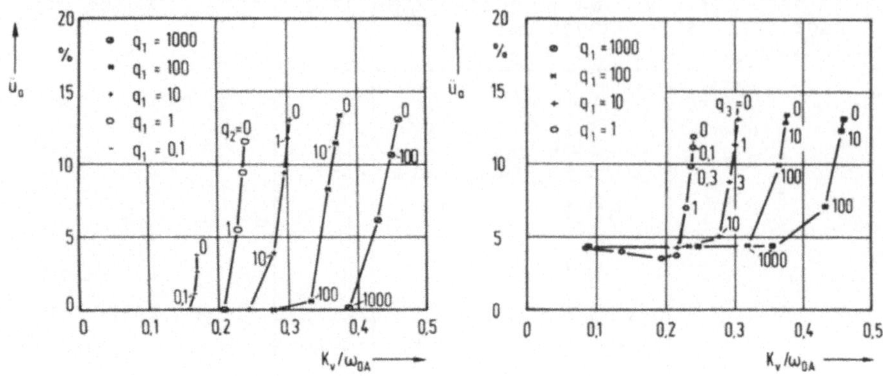

Bild 7.2 : Überschwingabweichung $\ddot{u}_a$ und Geschwindigkeitsverstärkung K_v/ω_{0A} als Funktion der Gewichtungsfaktoren q_1 und q_2 (links) bzw. als Funktion
der Gewichtungsfaktoren q_1 und q_3 (rechtes
Bild)

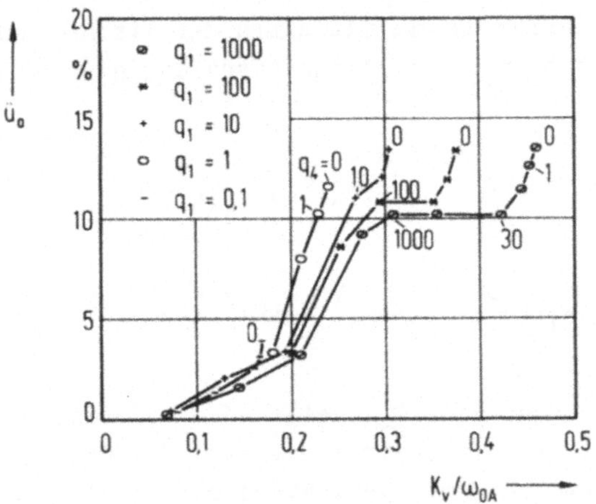

Bild 7.3 : Überschwingabweichung und Geschwindigkeitsverstärkung als Funktion der Gewichtungsfaktoren
q_1 und q_4

Als weniger vorteilhaft erweisen sich in dieser Hinsicht, wie **Bild 7.3** am Beispiel der Gewichtung der Motorgeschwindigkeit u_{Mi} durch q_4 zeigt, Gütekriterien, die die Zustandsgrößen des Drehzahlregelkreises berücksichtigen. Die Wertung dieser Größe führt zwar zu einer Reduzierung der Überschwingabweichung, gleichzeitig jedoch zu einer starken Reduktion der Geschwindigkeitsverstärkung.

Parameterempfindlichkeit

Am Beispielantrieb soll für die mit Hilfe des Gütekriteriums nach Gl. 7.4 und Gl. 7.5 entworfenen diskreten Zustandsregelungen die Empfindlichkeit gegenüber Parameterschwankungen der Regelstrecke untersucht werden.

Um den Einfluß auf das Positionierverhalten darzustellen, werden für Parameteränderungen von $\pm$ 20% die Vergleichsregelflächen I_{SEV} berechnet und auf die Vergleichsregelflächen des jeweiligen Nominalsystems (I_{SEVB}) bezogen.

Die **Bilder 7.4 und 7.5** zeigen hierzu die Abweichung von den bezogenen Vergleichsregelflächen

$$I/I_{SEVB} = (I_{SEV} - I_{SEVB})/I_{SEVB} \qquad\qquad (7.6)$$

für das mit Hilfe von Gl. 7.4 bzw. Gl. 7.5 optimierte Regelsystem bei einer Änderung der Kennkreisfrequenz der mechanischen Übertragungsglieder ω_{0m} (linkes Bild) bzw. der Kennkreisfrequenz des Drehzahlregelkreises ω_{0A}.

Als wesentliche Einflußgröße stellt sich die niedrige Eigenfrequenz der Regelstrecke ω_{0m} dar:

Eine geringe Gewichtung von u_i bzw. a_i führt bei einer Erniedrigung der mechanischen Eigenfrequenz stets zu einer starken Entdämpfung des Regelkreises. Charakteristisch ist aber, daß dieser Einfluß - ebenso wie die Empfindlichkeiten gegenüber Abweichungen von der nominalen Eigenfrequenz des Drehzahlregelkreises - durch eine stärkere Berücksichtigung der Tischgeschwindigkeit bzw. der Tischbeschleunigung inner-

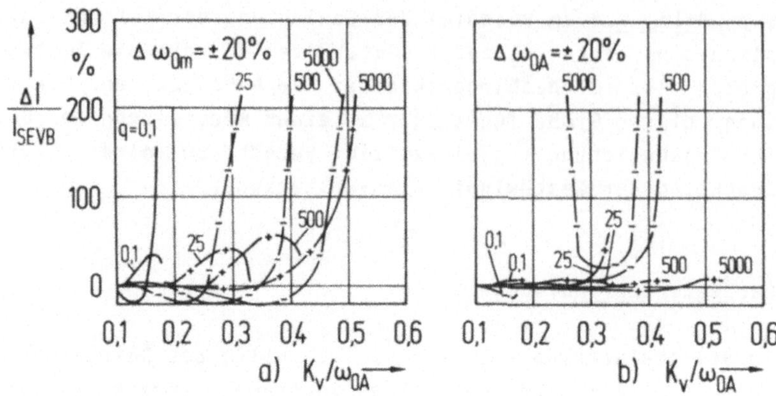

Bild 7.4 : Bezogene Vergleichsregelflächen in Abhängigkeit der Gewichtungsfaktoren q_1 und q_2 für eine Änderung von ω_{0m} (Bild a) bzw. ω_{0A} (Bild b) von $\pm$ 20%

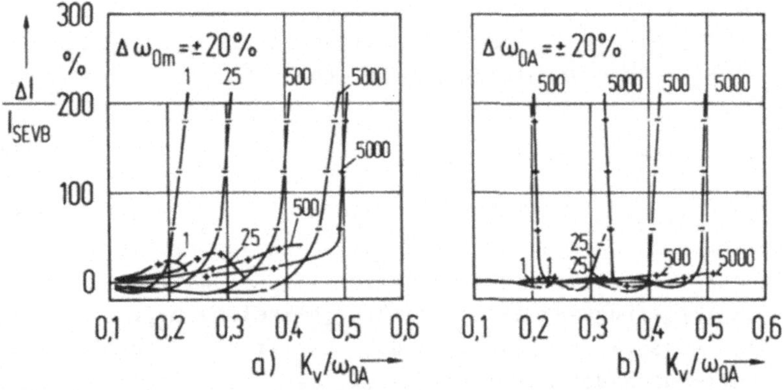

Bild 7.5 : Bezogene Vergleichsregelflächen für eine Änderung von ω_{0m} (Bild a) bzw. ω_{0A} (Bild b) um $\pm$ 20%. Optimierung nach Gl. 7.5 durch q_1 und q_3

halb des Gütekriteriums stark reduziert werden kann, ohne
gleichzeitig eine signifikante Dynamikeinbuße zur Folge zu
haben.

Im Bereich hoher Gewichtungsfaktoren q_1 = 500 wächst deutlich der Einfluß von ω_{0A}. Insbesondere aus den Kurvenscharen für q_1 = 5000 wird deutlich, daß - vor allem bei Optimierung nach Gl. 7.4 (q_1/q_2 Gewichtung) - der günstige
Arbeitsbereich durch eine Reduzierung der Eigenfrequenz des
Drehzahlregelkreis ω_{0A} eingeschränkt wird.

Ein Vergleich der Empfindlichkeit des Regelsystems gegenüber
sämtlichen Streckenparametern zeigt <u>Bild 7.6</u>.

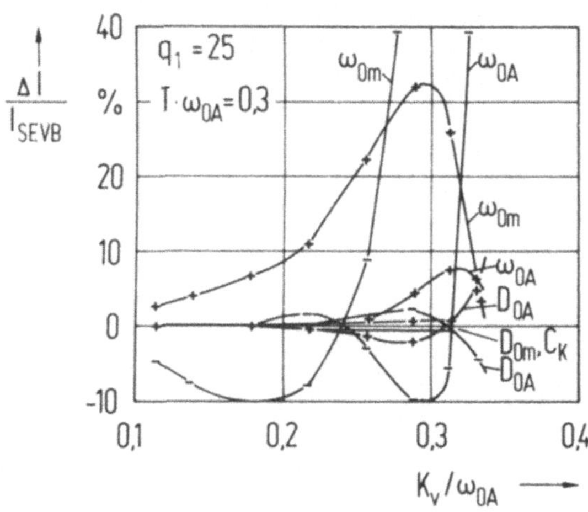

<u>Bild 7.6 :</u> Bezogene Vergleichsregelflächen für Änderungen
der Streckenparameter von $\pm$ 20% (q_1 = 25)

Man erkennt deutlich, daß Änderungen der Dämpfungskonstanten sowie des Rückwirkungsfaktors C_K nur einen unwesent-
lichen Einfluß auf die Dynamik des Regelkreises ausüben und
gegenüber Änderungen der Kennkreisfrequenz ω_{0m} bzw. ω_{0A}
zu vernachlässigen sind.

7.1.2 **Polvorgabe**

Zur Festlegung der Dynamik des geschlossenen Regelkreises
werden die diskreten Eigenwerte von Tiefpaßfiltern 5.
Ordnung mit Bessel-, Butterworth- und kritischer Dämpfungs-
charakteristik als Soll-Polkonfiguration vorgegeben. Da
der Entwurf des Reglers entsprechend Abschnitt 3.1.2 erfolgt, ist die Regelkreisdynamik unmittelbar durch Vorgabe
von K_{vp} festgelegt; die Identität zur Geschwindigkeitsverstärkung des Abtastregelkreises K_v gilt daher nur für T->0.
Wie Bild 7.7, Kurve a beispielhaft für oben genannte Vor-
gabe-Übertragungsfunktionen 5. Ordnung zeigt, steigt der
Fehler mit zunehmender Abtastzeit T nahezu linear an.

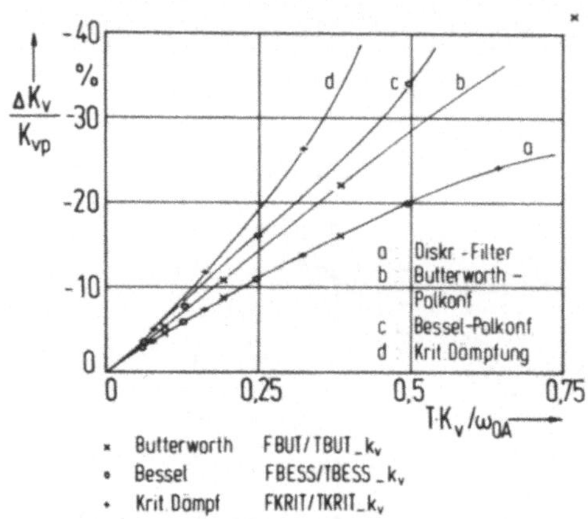

Bild 7.7 : Abweichungen von der vorgegebenen Geschwindigkeitsverstärkung in Abhängigkeit der Abtastzeit

Da bei der Anwendung des Entwurfsverfahrens die Nullstellen
der Vorgabe-Übertragungsfunktion unberücksichtigt bleiben,
treten gemäß Gl. 3.7 durch die Vernachlässigung des Zäh-
lerpolynoms weitere Abweichungen zur vorgegebenen Geschwindigkeitsverstärkung K_{vp} auf. Diese zeigen jetzt, wie aus
den Kurven b, c, d, in Bild 7.7 zu ersehen ist, eine Abhängigkeit von der gewählten Polkonfiguration. Bei der Inbetriebnahme der Regelung ist daher die Vorgabe entsprechend

Bild 7.7 zu korrigieren.

Parameterempfindlichkeit

Ähnlich Abschnitt 7.1.1 sollen für die vorher genannten Pol-
konfigurationen die Empfindlichkeiten der Zustandsregelung gegenüber Parameterschwankungen der Regelstrecke untersucht werden. Da nach Abschnitt 7.1.1 Änderungen der Dämp-
fungsparameter D_{OA} und D_{Om} sowie des Rückwirkungsfaktors C_K
nur einen geringen Einfluß auf das Positionierverhalten
ausüben, werden im weiteren lediglich die beiden wichtig-
sten Einflußgrößen, ω_{OA} und ω_{Om}, betrachtet.

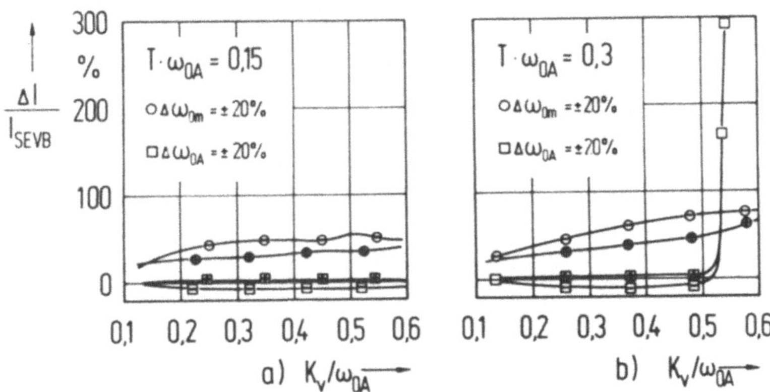

Bild 7.8 : Bezogene Vergleichsregelflächen bei einer Bes-
sel-Polkonfiguration

Die **Bilder 7.8 bis 7.10** zeigen hierzu das auf die Vergleichsregelflächen des jeweiligen Nominalsystems I_{SEVB}
bezogenen Gütekriterien I_{SEV} für eine feste Parameteränderung von + 20% bzw. - 20%. Zur Verdeutlichung des Einflusses
der Abtastzeit sind im linken Bild jeweils die Ergebnisse
für $T\,\omega_{OA} = 0{,}15$, im rechten Bild diejenigen für $T\omega_{OA} = 0{,}3$
dargestellt.

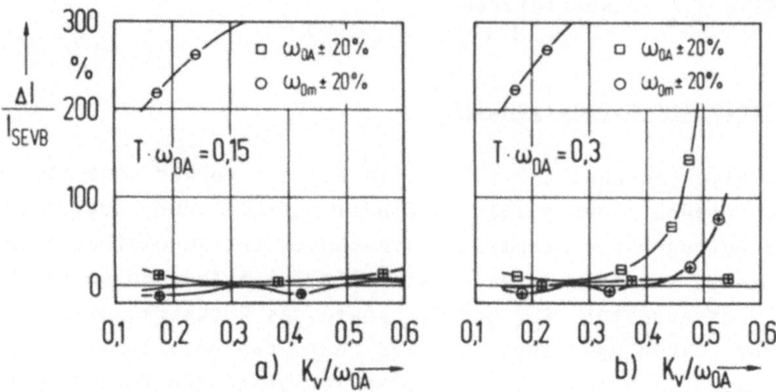

Bild 7.9 : Bezogene Vergleichsregelflächen bei einer Butterworth-Polkonfiguration

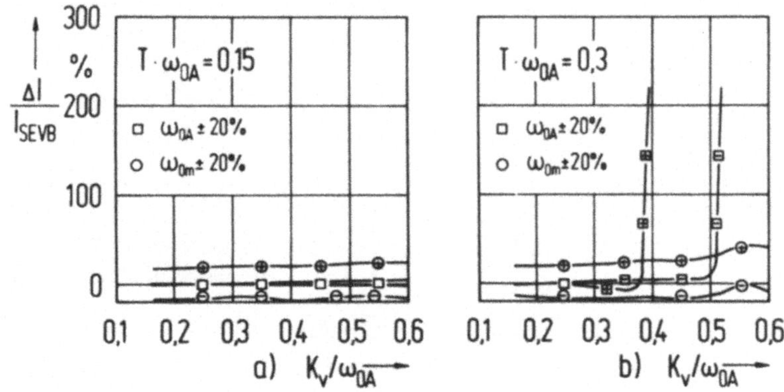

Bild 7.10: Bezogene Vergleichsregelflächen bei einer Vorgabe von reellen Polen (Filtercharakteristik: kritische Dämpfung)

Ergebnis:

- Eine Butterworth Polkonfiguration reagiert sehr empfindlich auf eine Verringerung der mechanischen Eigenfrequenz und kann daher in diesem Betriebszustand kein befriedigendes Einschwingverhalten sicherstellen.

- Die Vorgabe reeller Pole (Filtercharakteristik: kritische
  Dämpfung) erweist sich als unkritisch hinsichtlich einer
  Reduzierung von ω_{0m}; das Regelsystem führt jedoch bei
  einer Erhöhung von ω_{0m} zu einem ungünstigeren Einschwingverhalten.
- Der Einfluß der Abtastzeit zeigt sich insbesondere in einer erhöhten Sensibilität gegenüber Änderungen der Eigenfrequenz des Drehzahlregelkreises: Während für $T\,\omega_{0A}$ =
  0,3 das Regelsystem mit zunehmender Geschwindigkeitsverstärkung zur Instabilität neigt, tritt dieses Verhalten
  bei halbierter Abtastzeit nicht auf.

7.1.3 **Parameterraumverfahren**

Der Parameterraumentwurf gestaltet sich für die Regelstrekke
5. Ordnung wesentlich aufwendiger, da jetzt im allgemeinen
der 5-dimensionale K-Raum nach möglichen Lösungsgebieten
abgesucht werden muß. Dadurch, daß zur Eingrenzung der Lösungsgebiete ein zweidimensionaler Schnitt durch den K-Raum
vorgenommen wird, sind darüber hinaus die drei noch freien
Parameter schrittweise zu variieren. Soll der Entwurf auf
einem Mikrorechner erfolgen, so kann der Suchvorgang je nach
Rechenleistung des Prozessors einen hohen Zeitbedarf in
Anspruch nehmen.
Im Hinblick auf eine rationelle Inbetriebnahme der Regelung ist es daher zweckmäßig, sowohl den Lösungsraum ein-
zugrenzen als auch zu versuchen, die Anzahl der freien
Parameter zu reduzieren.
Zur Einengung der Lösungsgebiete kann die Umgebung von
Lösungsgebieten abgesucht werden, deren Startpunkt bzw.
Mittelpunkt mit Hilfe eines quadratischen Gütekriteriums
berechnet wurde. Um hier aber die weitere Suche auf eine
möglichst kleine Umgebung begrenzen zu können, muß die Lösung des Vorentwurfs bereits folgende wesentliche Eigenschaften aufweisen:

- Das Einschwingverhalten des Nominalsystems muß ein befriedigendes Dämpfungsverhalten aufweisen.
- Die hierbei erzielte Geschwindigkeitsverstärkung sollte der Zielgeschwindigkeitsverstärkung entsprechen.
Gemäß Abschnitt 7.1.1 wird die erste Forderung durch Minimierung des Gütekriteriums nach Gl. 7.4 bzw. Gl. 7.5 erreicht.

Weiterhin kann die näherungsweise Festlegung der Geschwindigkeitsverstärkung über die Gewichtungsfaktoren q_1 und q_3 ebenfalls aufgrund der in diesem Abschnitt aufgezeigten Zusammenhänge erfolgen, so daß der Startvektor für $\underline{K}$ unmittelbar festgelegt werden kann.
Die zweite angesprochene Möglichkeit zur rationellen Inbetriebnahme der Regelung besteht darin, die Anzahl der freien Entwurfsparameter zu reduzieren. Dies läßt sich dadurch erreichen, daß die Optimierung für eine fest vorgegebene Geschwindigkeitsverstärkung K_v erfolgt. Infolge des Zusammenhangs zwischen der Geschwindigkeitsverstärkung und den Rückführkoeffizienten des Zustandsreglers

$$K_v/\omega_{0A} = \frac{K_1}{1+K_2+K_4} \qquad (7.7)$$

kann z.B. K_4 als Funktion von K_1 und K_2 ausgedrückt werden, und es gilt:

$$K_4 = \frac{K_1}{K_v/\omega_{0A}} - K_2 - 1. \qquad (7.8)$$

Wählt man einen Schnitt durch den Lösungskörper in der K_3/K_5-Ebene, so bleibt nach Gl. 7.6 in dieser Ebene die Geschwindigkeitsverstärkung unverändert. Unter Berücksichtigung von Gl. 7.7 gilt dies dann auch für sämtliche Variationen von K_1/K_2.

Ein weiterer Parameter, der die Optimieraufgabe wesentlich beeinflußt, ist die Mindestdämpfung D_H zur Berechnung der konjugiert komplexen Grenzkurven.

Beim Entwurf der Z-Achsen-Regelung wurde pauschal ein sehr gut gedämpftes System mit $D_H = 0,7$ gefordert. Die Auswirkungen dieser Forderung gehen sehr deutlich aus Bild 6.19 hervor: Mit Vergrößerung der Mindestdämpfung schrumpft das Lösungsgebiet des Nominalsystems überproportional. Dies bedeutet, daß bei Parameteränderungen und hoher geforderter Dynamik des Lageregelkreises zwar noch Schnittmengen für eine niedrige Dämpfung existieren, nicht aber für den evtl. aus Sicherheitsgründen angenommenen hohen Vorgabewert. Aus diesem Grund ist es sinnvoll, die untere Grenze für D_H nur grob festzulegen.

Betrachtet man dazu die bekannten Einstellregeln für konventionelle Lageregelkreise /14/, so ist, falls ein unterlagerter Drehzahlregelkreis mit einer Dämpfung $D_{0A}=0,5$ und vernachlässigbarer Eigendynamik der mechanischen Übertragungselemente vorliegt, die Geschwindigkeitsverstärkung im Bereich

$$K_v/\omega_{0A} = 0,25 \ldots 0,4$$

zu wählen. Berechnet man für diese Struktur die Dämpfungskonstante des konjugiert komplexen Polpaares des Drehzahlregelkreises, so ergeben sich Dämpfungswerte, die im vorgeschlagenen Bereich zwischen

$$0,25 < D < 0,40$$

liegen.

Der Grund für das - trotz der geringen Dämpfung - günstige Einschwingverhalten des konventionellen Lageregelkreises wird deutlich, wenn man, wie in Bild 3.2 gezeigt, dem Verlauf der Wurzelortskurven die Zeitverläufe gegenüberstellt. Das dynamische Verhalten wird insbesondere für eine niedrige Geschwindigkeitsverstärkung ($K_v/\omega_{0A} < 0,25$) durch den reellen Pol bestimmt. Da mit Hilfe des Parameterraum-Verfahrens die exakten Pollagen nicht festzulegen sind, kann im allgemeinen keine Glättungswirkung eines Einzelpoles erwartet werden.

Daher wird die Optimieraufgabe im weiteren darin bestehen, die Schnittmenge zunächst mit einer vorgegebenen Mindestdämpfung zu maximieren, um dann durch schrittweise Erhöhung von D_H und weiteres Durchsuchen des Parameterraumes eine Eingrenzung der Systemdynamik auf größtmögliche Dämpfung zu erreichen. Aus o.g. Gründen muß sich eine simulative Überprüfung des Lösungsvektors anschließen.

Optimierung

Für das Regelsystem wird zunächst eine Mindestdämpfung von D_H = 0,2 vorgegeben. Ein weiteres Entwurfziel soll sein, eine für die Regelstrecke hohe Geschwindigkeitsverstärkung von K_v = $50s^{-1}$ (K_v/ω_{0A} = 0,32) zu realisieren. Der Startvektor für den Parameterraum-Entwurf ergibt sich für das Nominalsystem mit Hilfe des quadratischen Gütekriteriums nach Gleichung 7.5 und den Gewichtungsfaktoren q_1 = 100 und q_3 = 270 zu:

$$\underline{K}' = (6,10 \quad 11,9 \quad 24,5 \quad 5,95 \quad 2,52).$$

Dieser erste Grobentwurf weist zwar die geforderte Geschwindigkeitsverstärkung auf (K_v/ω_{0A} = 0,32), ist jedoch, wie die Simulationsergebnisse in <u>Bild 7.11</u> zeigen, parameterempfindlich gegenüber einer Reduzierung der Eigenfrequenz des Drehzahlregelkreises bzw. der Eigenfrequenz der mechanischen Übertragungsglieder.

Wird, ausgehend von diesem Startwert, mit den oben angegebenen Forderungen der K-Raum für zugelassene Änderungen von ω_{0A} und ω_{0m} von ± 20% nach robusten Lösungen durchsucht, so findet man eine solche Schnittmenge in der Umgebung von

$$\underline{K}' = (11,1 \quad 22,7 \quad 54,2 \quad 10,7 \quad 4,29).$$

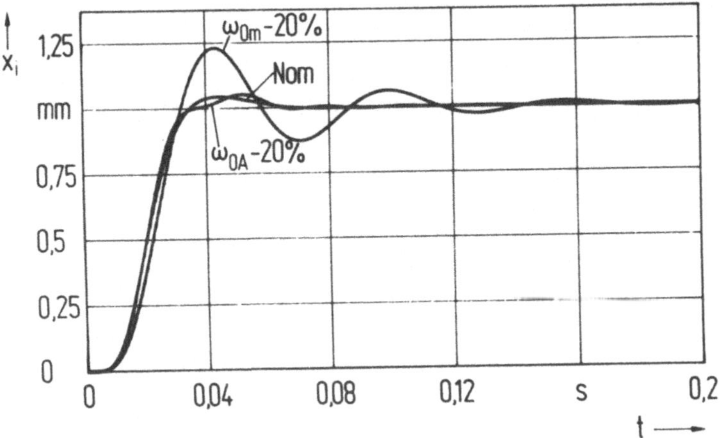

Bild 7.11: Zeitverhalten des Regelsystems bei Parameteränderungen der Regelstrecke.
Ausgangspunkt des Parameterraumentwurfes.

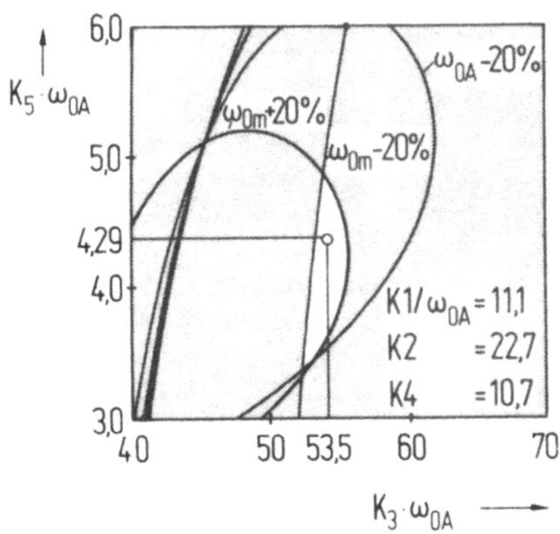

Bild 7.12: Robustes Lösungsgebiet in der K_3/K_5-Ebene

Bild 7.12 zeigt hierzu das gefundene Lösungsgebiet in der K_3/K_5-Ebene. Dieses Gebiet wird im wesentlichen eingefaßt von den Grenzkurven für ω_{0m} - 20% und ω_{0m} + 20%.
Dies weist ebenso wie bei den in Bild 7.10 gezeigten Simulationen darauf hin, daß eine Änderung dieses Parameters den ungünstigsten Einfluß auf das dynamische Verhalten des

Lageregelkreises aufweist.

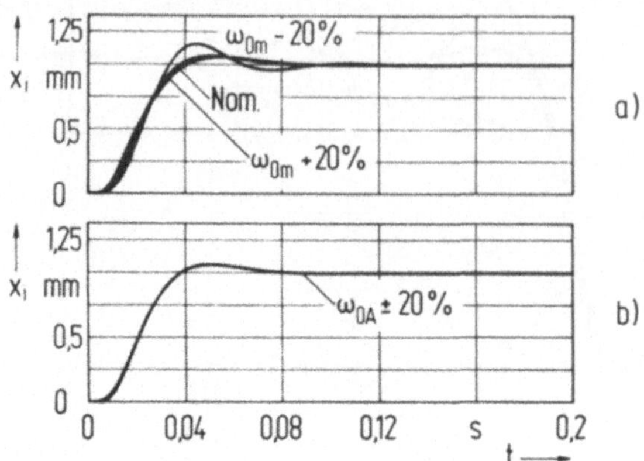

Bild 7.13: Sprungantwort des Regelsystems bei Änderung von ω_{0m} (Bild a), sowie von ω_{0A} (Bild b)

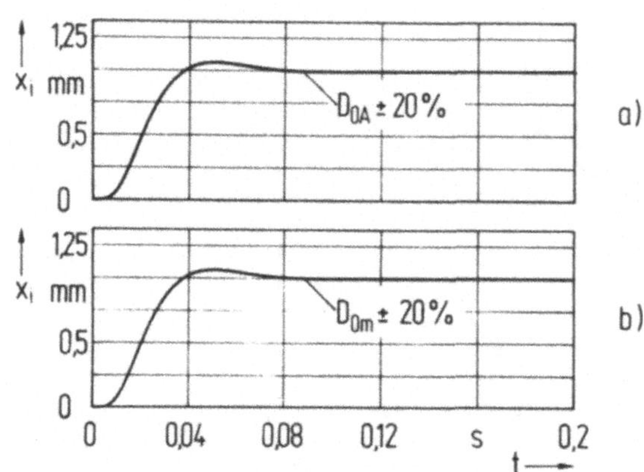

Bild 7.14: Sprungantwort des Regelsystems bei Änderung von D_{0A} (Bild a) und D_{0m} (Bild b)

Mit dieser Einstellung des Zustandsreglers verläuft dann die Reaktion auf einen Führungssprung insgesamt gut gedämpft, **Bild 7.13a**, **Bild 7.13b**. Die maximale Überschwingabweichung (ca. 13%) tritt jetzt bei einer Verringerung der mechanischen Eigenfrequenz ω_{0m} auf.

Gleichzeitig ist diese Einstellung, wie die Bilder 7.14a, und 7.14b zeigen, extrem unempfindlich gegenüber Schwankungen der weiteren Streckenparameter D_{0A} und D_{0m}, so daß diese bei der Bestimmung des dem Reglerentwurf zugrundeliegenden Regelstreckenmodelles nur relativ ungenau festzulegen sind.

7.1.4 Teilzustandsvektorrückführung

Wie in Abschnitt 6.2 gezeigt wurde, läßt sich bei einem einfachen System 3. Ordnung bereits durch die Aufschaltung von nur zwei Zustandsgrößen, der Ist-Lage und der Ist- Beschleunigung des mechanischen Systems, eine gute Dämpfung der mechanischen Eigenschwingung erreichen.
Im folgenden soll gezeigt werden, daß diese Beschleunigungsrückführung unter gewissen Voraussetzungen und Einschränkungen auch bei Antrieben mit nicht vernachlässigbarer Dynamik des Drehzahlregelkreises zu einer wirksamen Verbesserung des dynamischen Verhaltens führen kann.
Als Beispiel wird wieder die bereits in den vorherigen Abschnitten untersuchte Vorschubeinheit betrachtet.
Anhand der diskreten Wurzelortskurven kann gezeigt werden, wie sich das Aufschalten dieser Zustandsgrößen bezüglich der Dämpfung der kritischen Eigenwerte auswirkt. Bild 7.15 zeigt einen Teil der z-Ebene. Dargestellt ist ein Ausschnitt des ersten Quadranten.
Zur Abschätzung des Systemverhaltens sind hierbei die Linien konstanter Dämpfung D sowie Linien konstanter Eigenfrequenz eingezeichnet.
Wird nur die Lagedifferenz aufgeschaltet (reiner Proportionalregler), so erreicht das Polpaar der mechanischen Übertragungsglieder (Ausgangspunkt $K_v/\omega_{0A}=0$: $D=D_{0m}=0,04$; $\omega/\omega_{0A}=\omega_{0m}/\omega_{0A}\approx 0,6$) bereits bei einer Geschwindigkeitsverstärkung $K_v<0,1\cdot\omega_{0A}$ die Stabilitätsgrenze,während die konjugiert komplexen Eigenwerte des Drehzahlregelkreises nahezu unverändert bleiben.

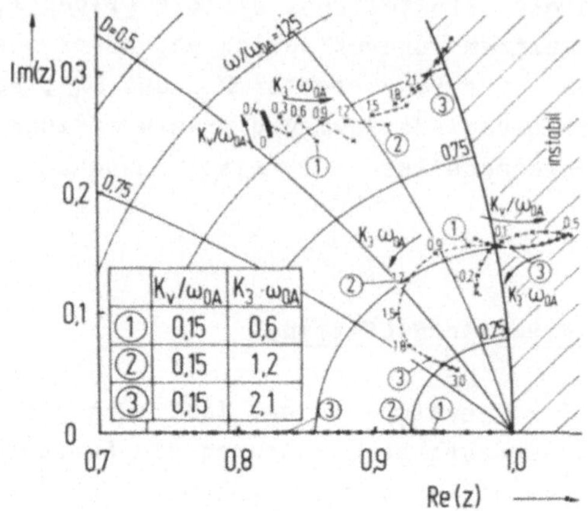

	K_V/ω_{0A}	$K_3\ \omega_{0A}$
①	0,15	0,6
②	0,15	1,2
③	0,15	2,1

Bild 7.15: Beschleunigungsaufschaltung

Durch Aufschalten des Beschleunigungssignals bewegen sich die Mechanik-Eigenwerte zunächst in Richtung größerer Dämpfung, um dann aber bei weiter zunehmender Beschleunigungsgewichtung wieder auf die Stabilitätsgrenze zuzuwandern. Die Pole des Drehzahlregelkreises zeigen dieses Verhalten nicht; sie werden mit zunehmender Gewichtung des Beschleunigungssignals stetig entdämpft.

Ein Kompromiß zeichnet sich jedoch ab, falls bei einer Lage-Gewichtung $K_V/\omega_{0A}=0,15$ die Beschleunigung mit $K_3\ \omega_{0A}=1,2$ aufgeschaltet wird: in diesem Fall (Polkonfiguration 2) besitzt das Polpaar der Mechanik annähernd eine Dämpfung von $D=0,5$; wobei der Drehzahlregelkreis mit $D=0,25$ noch ausreichend gedämpft ist und zudem der reelle Pol mit seiner niedrigen Eckfrequenz $\omega_E\sim0,25$ stark glättend wirkt. Eine weitere Erhöhung der Beschleunigungsgewichtung ist nicht mehr sinnvoll, da der Drehzahlregelkreis zunehmend entdämpft wird und gleichzeitig die Glättungswirkung des reellen Poles entfällt.

Die in **Bild 7.16** gezeigten Simulationen an drei typischen Betriebspunkten demonstrieren deutlich die Auswirkungen einer ungünstigen Gewichtung des Beschleunigungssignals (Kurven 1 und 3).

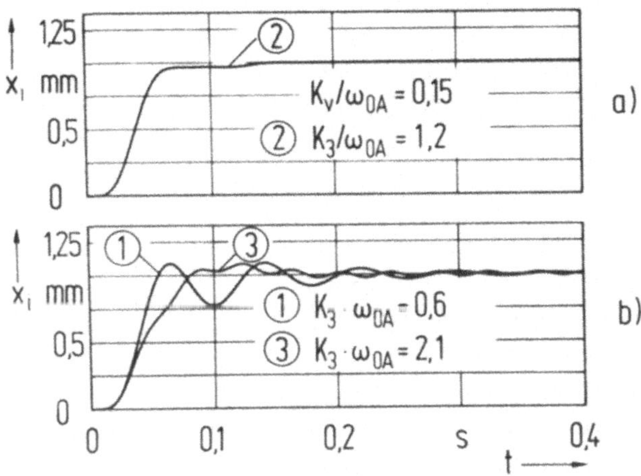

Bild 7.16: Sprungantwort des Regelsystems 5. Ordnung bei unterschiedlicher Gewichtung des Beschleunigungssignals

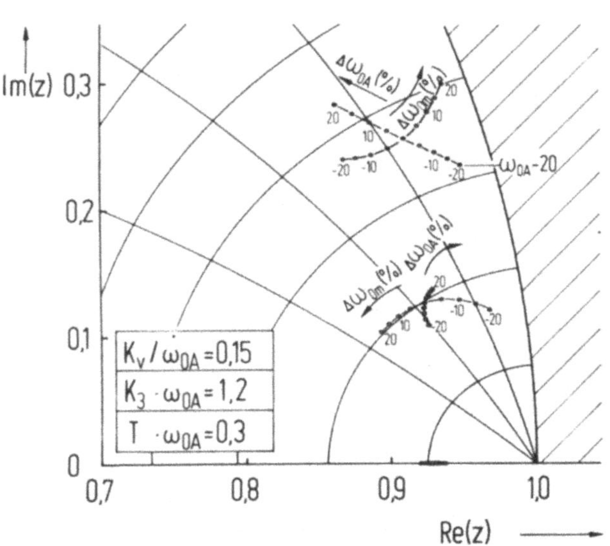

Bild 7.17: Wurzelortskurven der Beschleunigungsrückführung bei Änderungen von ω_{0m} und ω_{0A}

Parameterempfindlichkeit

Zur Beurteilung der Parameterempfindlichkeit des nach Bild
7.15 für die Polkonfiguration 2 optimierten Regelsystems
werden die Wurzelortskurven für Änderungen der Kennkreis-
frequenzen ω_{0A} und ω_{0m} berechnet. Der Verlauf dieser in
__Bild 7.17__ gezeigten Pole der Regelung macht die - trotz der
vergleichsweise niedrigen Geschwindigkeitsverstärkung -
relativ hohe Sensibilität gegenüber Änderungen dieser Strek-
kenparameter deutlich: Während das Polpaar der mechanischen
Übertragungsglieder (Ausgangspunkt $\omega/\omega_{0A} \approx 0{,}5$; $D \approx 0{,}4$) insbesondere durch eine Absenkung von ω_{0m} entdämpft wird, wirkt
sich für das Polpaar des Drehzahlregelkreises (Ausgangspunkt
$\omega/\omega_{0A} \approx 0{,}9$; $D \approx 0{,}2$) eine Erhöhung von ω_{0m} bzw. eine Erniedrigung von ω_{0A} negativ aus. Auch hier gilt, wie die in __Bild__
__7.18__ gezeigten Zeitverläufe verdeutlichen, daß sich aufgrund der Filterwirkung des reellen Poles schnelle, schwach
gedämpfte Polpaare weniger stark auswirken als langsame
Polpaare, weshalb die maximale Überschwingabweichung von
ca. 13% durch die Entdämpfung des "Mechanik-Polpaares"
infolge einer Absenkung von ω_{0m} auftritt.

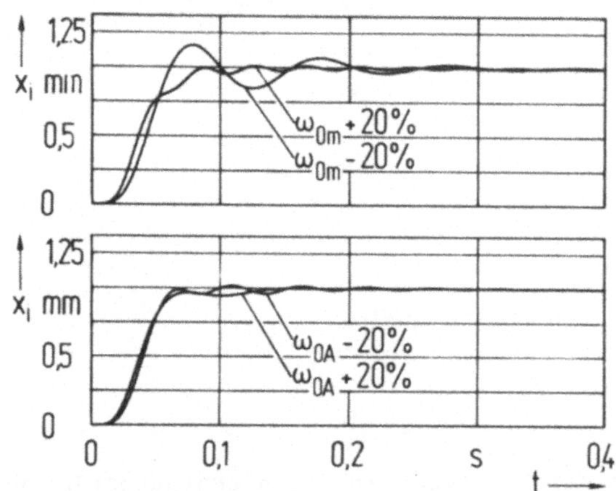

__Bild 7.18:__ Parameterempfindlichkeit der Beschleunigungsrückführung

<u>Anmerkung:</u>

Eine wirksame Dämpfung aller Eigenschwingungen ist nicht mehr möglich, wenn die Eigenfrequenzen der Regelstrecke in gleicher Größenordnung liegen. Für diesen Fall $\omega_{0m}=\omega_{0A}$ sind in <u>Bild 7.19</u> die Wurzelortskurven bei Beschleunigungsrückführung dargestellt.

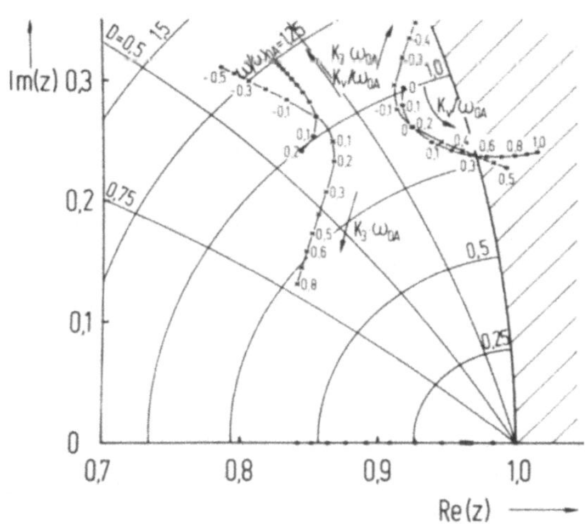

<u>Bild 7.19:</u> Beschleunigungsaufschaltung T_A = 2 ms; ω_{0A}= 180 s^{-1}; ω_{0m}= 180 s^{-1}

Man erkennt, daß je nach Vorzeichen des Gewichtungsfaktors entweder das Polpaar der mechanischen Übertragungsglieder oder dasjenige des Geschwindigkeitsregelkreises gegen die Stabilitätsgrenze wandert .
Der gleiche Sachverhalt liegt vor, wenn die schwach gedämpfte Eigenschwingung höher liegt als die gut gedämpfte Eigenbewegung. <u>Bild 7.20</u> zeigt die Wurzelortskurven der Beschleunigungsrückführung für eine Regelstrecke mit $\omega_{0m}/\,\omega_{0A}$ = 2.

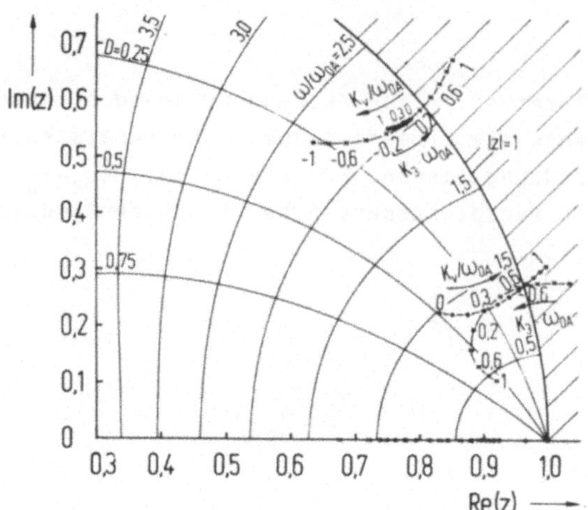

Bild 7.20: Beschleunigungsaufschaltung T_A = 2 ms; ω_{0A} = 180 s^{-1}; ω_{0m} = 360 s^{-1}

In diesem Fall wird das Polpaar des Geschwindigkeitsregelkreises durch die Gewichtung der Ist-Lage relativ rasch entdämpft, während die Eigenwerte der Mechanik eine geringfügig günstigere Dämpfung annehmen. Die negative Aufschaltung der Tischbeschleunigung wirkt sehr stark entdämpfend auf den Drehzahlregelkreis und hat zudem nur einen geringen Einfluß auf die Verbesserung der Dynamik der mechanischen Übertragungsglieder.

Erst die zusätzliche Aufschaltung einer weiteren Zustandsgröße, des Motormoments a_{Mi} erlaubt jetzt, wie **Bild 7.21** zeigt, eine Verschiebung beider Polpaare in eine günstige Richtung.

Die Inbetriebnahme dieser Regelung kann dann entsprechend Bild 7.21 und **Bild 7.22** nach folgendem Schema ablaufen:

- Vorgabe einer Geschwindigkeitsverstärkung: $K_1 = K_v/\omega_{0A}$: ①

- Aufschalten der Tischbeschleunigung, bis die Eigenschwingung des Drehzahlregelkreises nahezu ungedämpft abklingt: ②

- Schrittweises Aufschalten von a_{Mi}, bis ein günstiges Einschwingverhalten erreicht wird: ③

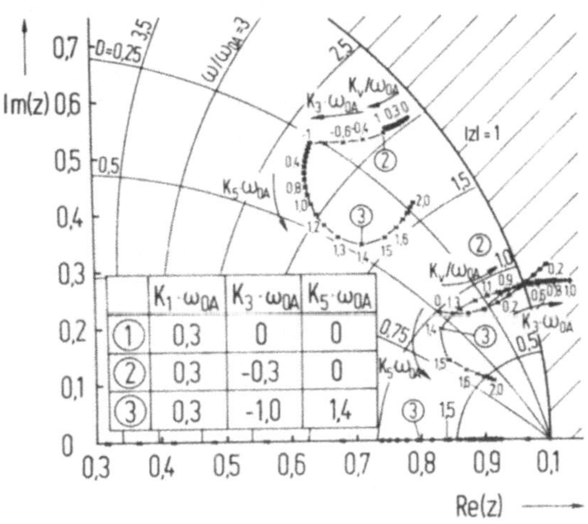

Bild 7.21: Teilzustandsvektorrückführung

$$\omega_{0A}= 180s^{-1} \quad \omega_{0m}= 360s^{-1}$$

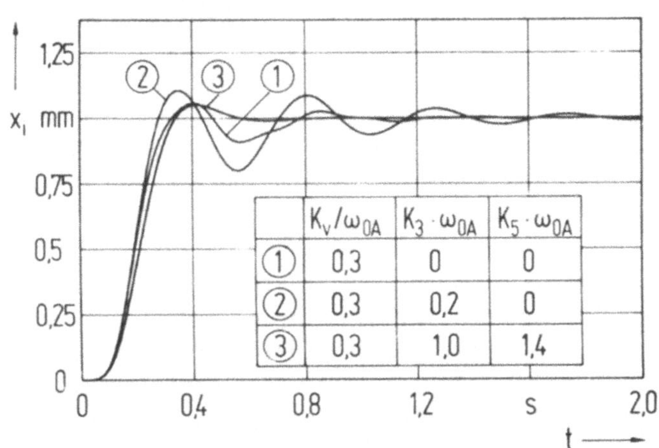

Bild 7.22: Teilzustandsvektorrückführung
Sprungantworten des Regelsystems nach Bild 7.21

Gegebenenfalls kann jetzt eine Anhebung der Geschwindigkeitsverstärkung mit anschließender Korrektur der Auf-
schaltfaktoren K_3 und K_5 erfolgen.

7.1.5   **Bewertung der Entwurfsverfahren**

Die in diesem Abschnitt untersuchten Entwurfsverfahren
sollen im folgenden einander gegenübergestellt und unter
Berücksichtigung der genannten Kriterien verglichen werden.

Tabelle 7.2 gibt hierzu einen qualitativen Überblick über
die einzelnen Verfahren. Aufgelistet sind sowohl die Zu-
standsregler-Entwürfe nach Abschnitt 7.1.1 bis 7.1.3 als
auch die Beschleunigungsrückführung nach Abschnitt 7.1.4.
Hieraus lassen sich folgende Erkenntnisse ableiten:

- Dynamische Eigenschaften des Nominalsystems (Spalte 1
  und 2):
  Erwartungsgemäß weisen die Polvorgabeverfahren (PV) günstige Werte auf, da die gewünschte Polkonfiguration er-
  zwungen wird. Ebenso günstige Eigenschaften erhält man
  durch die Optimierung mit Hilfe eines quadratischen Gütekriteriums (QG), falls neben der Gewichtung der Ist-Lage
  x_i durch (q_1) noch die Ist-Geschwindigkeit u_i durch (q_2)
  oder die Ist-Beschleunigung a_i durch (q_3) berücksichtigt
  wird. Der Entwurf mit Hilfe des Parameterraumverfahrens
  schneidet insgesamt ungünstiger ab, da die mitberücksich-
  tigten Parameteränderungen insofern die dynamischen Eigenschaften des Nominalsystems beeinflussen, als für gut
  gedämpfte Bereiche hoher Geschwindigkeitsverstärkung keine
  Schnittmengen existieren. Die Beschleunigungsrückführung
  als Untermenge der Zustandsregelung erlaubt demnach nicht,
  eine mit der Zustandsregelung vergleichbare Bandbreite des
  Lageregelkreises bei gleichzeitig günstigem Einschwingver-
  verhalten zu erreichen.

- Erreichbare Dynamik bei Parameteränderungen (Spalte 3,
  4 und 5):
  Unter Berücksichtiung von Parameteränderungen erzielt der
  QG-Entwurf bei x_i/a_i-Gewichtung durch (q_1/q_3) sowie das
  Parameterraumverfahren günstige dynamische Eigenschaf-
  ten. Das Regelsystem reagiert insgesamt am empfindlichsten

	Dynamik des Nominalsystems		Dynamik bei Parameteränderungen[2]			Inbetriebnahme
	erreichbare Bandbreite	Einschwing-verhalten	erreichbare Bandbreite	Einschwing-verhalten	max. Empfindl. bei	
PV:Bessel	+ +	+	+	0	$-\omega_{0m}$	+
PV:Butterworth	+ +	0	- -	- -	$-\omega_{0m}$	+
PV:Krit.Dämpfung	+ +	+ +	+	0	$-\omega_{0m}$	+
QG:x_i-Gew.	+ +	-	-	-	$-\omega_{0m}$	+
QG:x_i/u_i-Gew.	+ +	+ +	+	0	$+\omega_{0m}$	0
QG:x_i/a_i-Gew.	+ +	+	+	+	$+\omega_{0m}$	0
QG:x_i/u_{Mi}-Gew.	-	+	-	-	$+\omega_{0m}$	-
Parameterraumverf.	$0^{1)}$	+	+	+	$-\omega_{0m}$	- -
Beschleunigungsr.[3]	0	+ +	0	-	$-\omega_{0A}$ $+\omega_{0m}$	+ +

Tabelle 7.2: Vergleich der Regelungen

PV: Polvorgabe, QG: Optimierung durch Minimierung eines quadr. Gütekrit.

Wertung: + + sehr gut; + gut; 0 befriedigend; - schlecht; - - sehr schlecht

1) gilt für Entwurf entsprechend Abchnitt 7.1.3

2) betrachtet wird der Bereich für $0,1 < K_v/\omega_{0A} < 0,35$

3) Optimum kann iterativ gefunden werden (Exakte Modellbildung entfällt)

auf Änderungen der niedrigsten Eigenfrequenz der Regelstrecke, im Beispiel ist dies die Kennkreisfrequenz der
mechanischen Struktur ω_{0m}. Günstiger zu werten ist der QG-
Entwurf im Vergleich zum Parameterraumentwurf, da hier die
Regelung eine geringere Empfindlichkeit bei einer Reduzierung von ω_{0m} aufweist und somit Zusatzmassen das dynamische Verhalten nur wenig beeinflussen.

- Inbetriebnahme (Spalte 6):

Der Aufwand zur Inbetriebnahme und Optimierung der Regelungen ist unter den eingangs gemachten Voraussetzungen
zu betrachten, insofern die Entwurfsaufgabe mit Hilfe
des Mikrorechners durchzuführen ist, welcher auch die
eigentliche Regelaufgabe abzuarbeiten hat.
Unter diesem Blickwinkel sind Polvorgabeverfahren und
der QG-Entwurf als günstig einzustufen, da hier die ein-
deutige Festlegung der Rückführkoeffizienten unmittelbar
durch einen bzw. zwei Parameter erfolgt.
Ungünstig für eine Inbetriebnahme der Regelung vor Ort
erweist sich das Parameterraumverfahren, da die grafische
Auswertung und das Durchsuchen des 5-dimensionalen Parameterraumes (im Gegensatz zur Optimierung eines Systems
niedrigerer Ordnung, Kapitel 6) mit einem relativ hohen
Zeitaufwand verbunden ist.
Die Beschleunigungsrückführung erweist sich unter diesem
Gesichtspunkt als günstiges Verfahren, da das Optimum
im 2-dimensionalen Parameterraum iterativ durch unmittelbare Auswertung der Bahnabweichungsfläche oder der
Überschwingweite gefunden werden kann, ohne daß zunächst
eine Modellbildung der Regelstrecke erforderlich ist.

Unter Berücksichtigung aller Randbedingungen ergeben
sich im Hinblick auf den Entwurf einer vollständigen Zustandsregelung deutliche Vorteile für die Optimierung
mit Hilfe eines quadratischen Gütekriteriums bei Gewichtung von x_i und a_i durch q_1 und q_3. Steht demgegenüber
nicht unmittelbar die Maximierung der Geschwindigkeitsverstärkung im Vordergrund, sondern eine kostengünstige

Lösung, die zudem eine schnelle Inbetriebnahme erlaubt, so ist die Zustandsvektorrückführung einzusetzen.

7.2 Untersuchung des Gesamtsystems

Die Beurteilung der Qualität der gesamten Lageregelung, d.h. von Regler und Beobachter wird anhand charakteristischer Kennwerte vorgenommen, die sich beim Durchfahren einer einheitlichen, beschleunigungsgesteuerten Testbahn ergeben. Die Parameter der Führungsgröße sind:

$$
\begin{aligned}
\text{Bahngeschwindigkeit} \qquad & u_B = 50\,\text{mm/s} \\
\text{Führungsbeschleunigung} \qquad & a_F = 1\,\text{m/s}^2
\end{aligned}
$$

Als wesentliche Kenngröße dient die maximale Geschwindigkeitsverstärkung $K_{v,max}$, die bei bestmöglichem Einschwingverhalten, d.h. minimaler Überschwingabweichung $\ddot{u}_a$ und insgesamt ruhigem Verlauf der Tischbeschleunigung a_i zu erzielen ist.
Neben diesen dynamischen Kenngrößen sind bei der Auswahl der geeigneten Reglerstruktur noch weitere Randbedingungen zu beachten: So kann aus Gründen der Wirtschaftlichkeit der erforderliche Hardwareaufwand und als weiteres Kriterium der Rechenzeitbedarf der Regelalgorithmen, ausgedrückt durch die Anzahl der arithmetischen Operationen von Bedeutung sein.
Im folgenden werden daher die verschiedenen Reglerstrukturen vorgestellt und entsprechend der vorher genannten Beurteilungshilfen verglichen.

7.2.1 Zustandsregler mit u_i/a_{Mi} - Beobachter

Unter der Voraussetzung, daß bei der Regelstrecke nach Bild 4.1 neben dem Lage-Istwert x_i die Motordrehzahl u_{Mi} sowie die Tischbeschleunigung a_i gemessen werden, läßt sich der reduzierte Beobachter nach Bild 5.4 zum Schätzen der Ist-

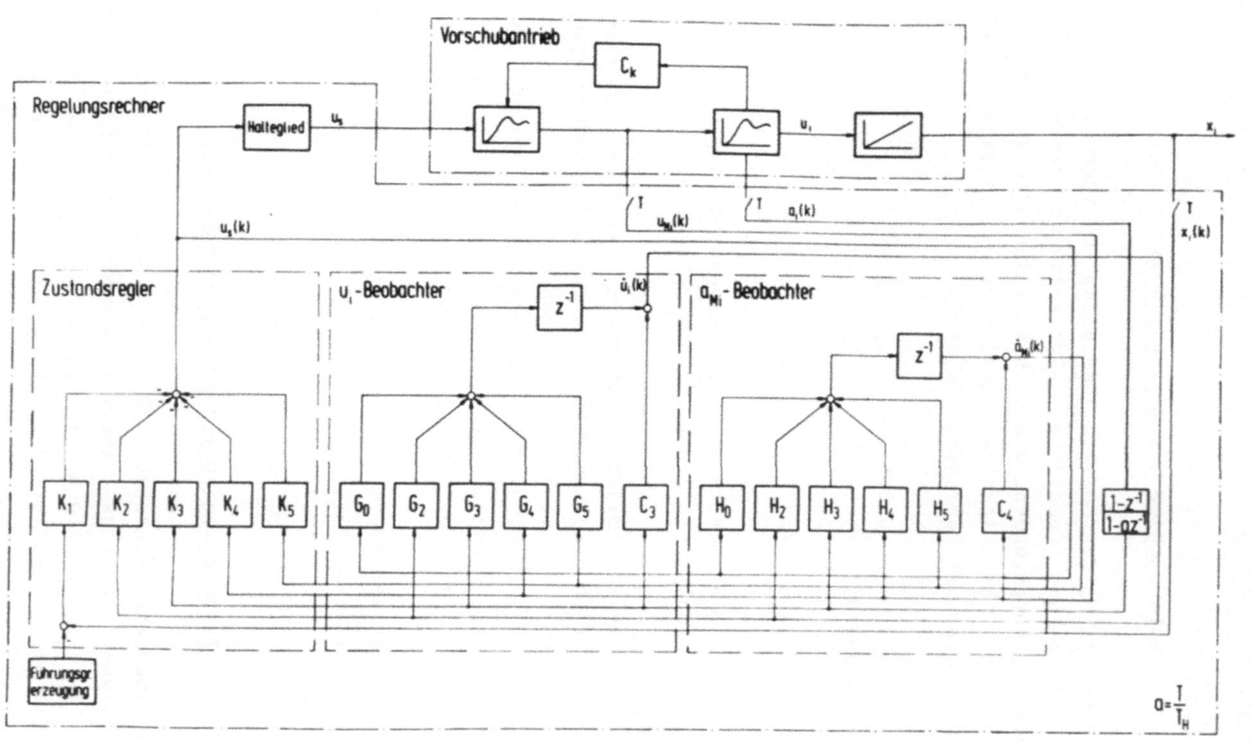

Bild 7.23: Regelsystem mit Zustandsregler 5. Ordnung und a_{Mi}/u_i-Beobachter

Geschwindigkeit u_i und des Motormomentes a_{Mi} einsetzen. Hieraus folgt das Blockschaltbild des gesamten Regelsystemes nach Bild 7.23.

Die Optimierung des Reglers geschieht entsprechend Abschnitt 7.1.1 mit Hilfe eines quadratischen Gütekriteriums auf eine Geschwindigkeitsverstärkung $K_v = 53\ s^{-1}$.

Die Festlegung der Beobachterpole z_1 und z_2 erfolgt im Hinblick auf eine geringe Parameterempfindlichkeit. Dazu werden die auf das Nominalsystem bezogenen Vergleichsregelflächen für Änderungen der mechanischen Eigenfrequenz berechnet. Wie Bild 7.24 zeigt, wird bei der gewählten Abtastzeit von $T = 0,3/\omega_{0A}$ eine günstige Einstellung dann erreicht, falls der Pol des u_i-Beobachters z_1 möglichst groß gewählt wird. Nur wenig Einfluß hat dagegen die Eigendynamik des a_{Mi}-Beobachters, so daß dieser Pol z_2 unter diesem Gesichtspunkt in weitem Bereich frei wählbar ist. Die zusätzliche Berücksichtigung der Störempfindlichkeit nach /7/ führt dann zu den Beobachterpolen $z_1 = 0,95$ und $z_2 = 0,5$.

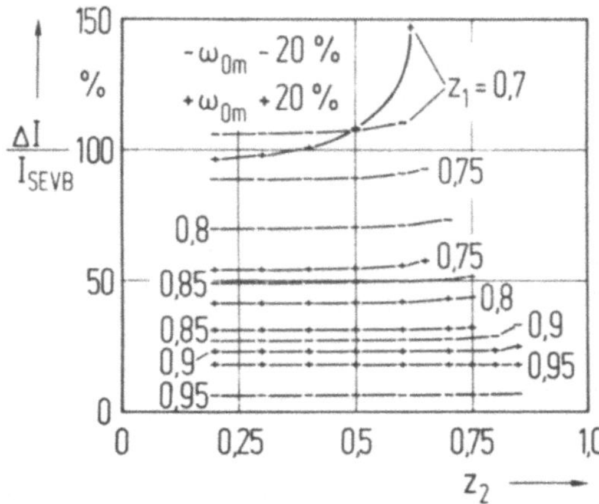

Bild 7.24: Parameterempfindlichkeit des Regelsystems mit u_i/a_{Mi}-Beobachter bei Änderungen der mechanischen Eigenfrequenz ω_{0m} ($T\,\omega_{0A} = 0,3$)

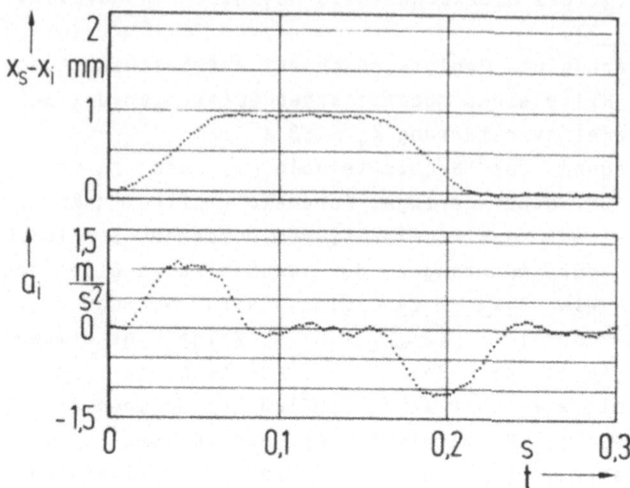

Bild 7.25: Regeldifferenz $x_s - x_i$ (oben) und Tischbeschleunigung a_i (unten) für das optimierte Regelsystem nach Bild 7.23

Das Verhalten des Regelsystems bei optimal eingestelltem Zustandsregler zeigt **Bild 7.25**. Dargestellt ist der Zeitverlauf der Regeldifferenz $x_s - x_i$ (oben) sowie derjenige der Tischbeschleunigung a_i (unten).
Bei der erreichten Geschwindigkeitsverstärkung von $K_v = 53\ s^{-1}$ beträgt die maximale Überschwingabweichung $ü_a = 0,015$ mm.

7.2.2 Zustandsregler mit a_{Mi} - Beobachter

Eine Reduzierung des Softwareaufwandes ist dann möglich, wenn die Tischgeschwindigkeit u_i unmittelbar aus dem Lage-Istwert x_i durch eine diskrete Differentiation berechnet wird:

$$u_i(k) = \frac{1}{T}\,(x_i(k) - x_i(k-1)) \qquad\qquad (7.9)$$

Mit den weiterhin gemessenen Zustandsgrößen a_i und u_{Mi} ergibt sich der Schätzalgorithmus:

$$\hat{a}_{Mi}(k) = C_4\, u_{Mi}(k) + x_v(k-1) \tag{7.10}$$

$$x_v(k) = H_0\, u_s(k) + H_2\, u_i(k) + H_3\, a_i(k) +$$

$$+ H_4\, u_{Mi}(k) + H_5\, \hat{a}_{Mi}(k). \tag{7.11}$$

Hieraus folgt das in __Bild 7.26__ gezeigte Blockschaltbild des Regelsystems. Man erkennt, daß gegenüber der Regelung nach Abschnitt 7.2.1 lediglich der u_i-Beobachter durch das Differenzierglied ersetzt wird und die Struktur des a_{Mi}-Beobachters infolge der Modifikation nach Abschnitt 5.3 unverändert bleibt.

Günstiges Störverhalten bei guter Beobachterdynamik ergibt sich für einen Beobachterpol bei $z_1 = 0{,}5$.

Der Verlauf der Lagedifferenz $x_s - x_i$ und der Tischbeschleunigung a_i in __Bild 7.27__ zeigt deutlich, daß bei nahezu derselben Geschwindigkeitsverstärkung $K_v = 51\ s^{-1}$ ein ähnlich gutes Positionierverhalten wie bei der Regelung mit a_{Mi}/u_i-Beobachter erreicht werden kann, wobei eine maximale Überschwingabweichung $\ddot{u}_a = 0{,}02$ mm auftritt.

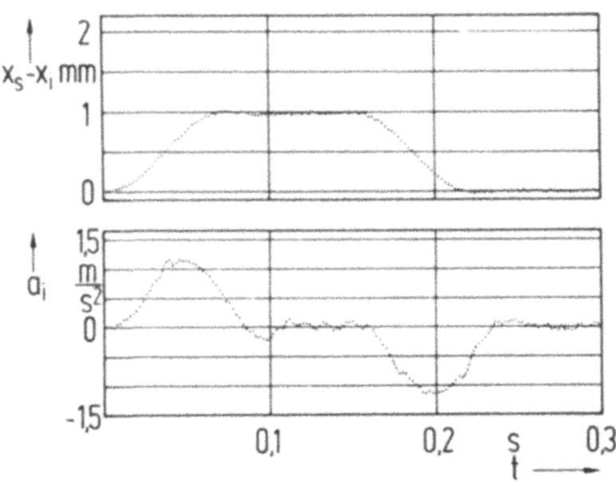

__Bild 7.27:__ Verlauf von Regeldifferenz $x_s - x_i$ (oben) und Ist-Beschleunigung a_i (unten)

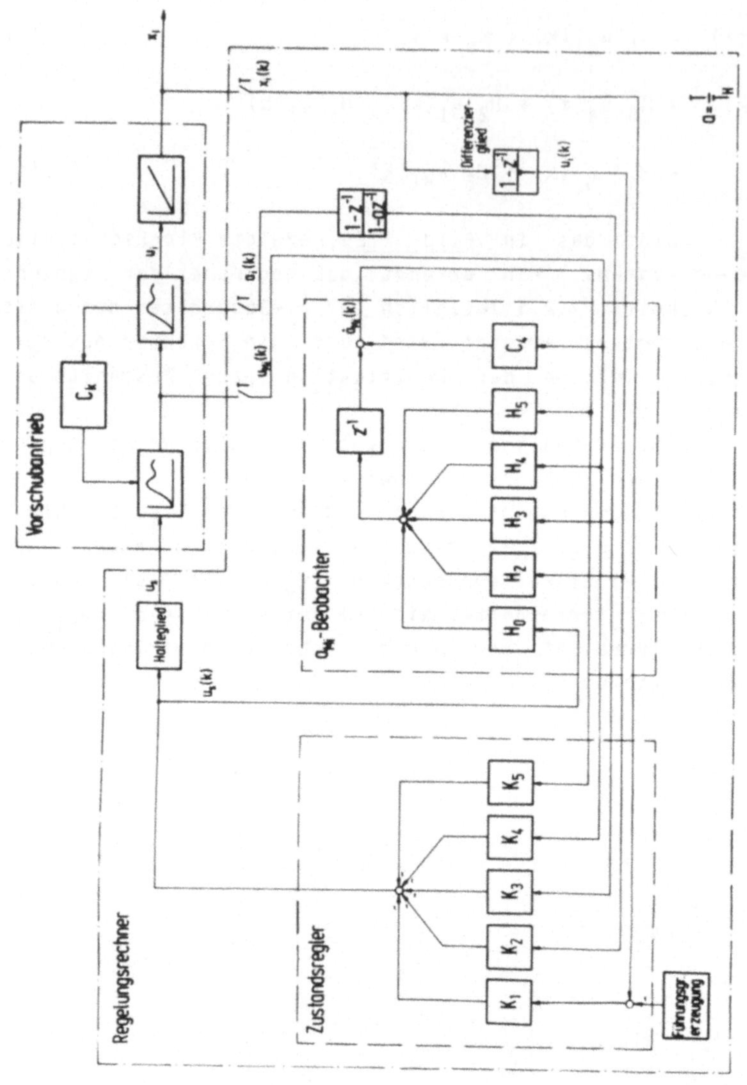

Bild 7.26: Regelsystem mit Zustandsregler 5. Ordnung und a_{Mi}-Beobachter

7.2.3   Zustandsregler mit a_i/a_{Mi} - Beobachter

Eine Reduzierung des gerätetechnischen Aufwands kann insbesondere dann erreicht werden, wenn die Tischbeschleunigung a_i mit Hilfe eines Beobachters im Mikrorechner rekonstruiert wird. Da sich die Tischgeschwindigkeit u_i ohne nennenswerte Verschlechterung der Bahngenauigkeit durch eine diskrete Differentiation nach Gleichung 7.9 aus dem Lage-Istwert x_i berechnen läßt, kann wiederum ein reduzierter Beobachter 2. Ordnung eingesetzt werden. Infolge der modifizierten Beobachterstruktur ist der Schätzalgorithmus aus zwei unabhängigen Teilbeobachtern aufzubauen, wobei der a_{Mi}-Beobachter identisch zu den vorher gezeigten Schätzgleichungen Gl. 7.10 und Gl. 7.11 zu realisieren ist. Für den a_i-Teilbeobachter gilt dann:

$$\hat{a}_i(k) = C_2\, u_i(k) + x_{v2}(k-1) \tag{7.12}$$

$$x_{v2}(k) = G_0\, u_s(k) + G_2\, u_i(k) + G_3\, \hat{a}_i(k) +$$
$$+ G_4\, u_{Mi}(k) + G_5\, \hat{a}_{Mi}(k), \tag{7.13}$$

so daß sich, da der Driftabgleich der Tischbeschleunigung entfallen kann, eine Struktur des Regelsystems gemäß **Bild 7.28** ergibt.
Die Optimierung dieses Beobachters führt wiederum zu der Polkonfiguration

$$z_1 = 0{,}5 \quad \text{und} \quad z_2 = 0{,}6.$$

Diese Polkonfiguration bewirkt, wie die Zeitverläufe von beobachteter und gemessener Tischbeschleunigung in **Bild 7.29** zeigen, eine Phasenverschiebung zwischen den Signalen. Aufgrund der Signalquantisierung enthält die geschätzte Tischbeschleunigung einen starken Störanteil.

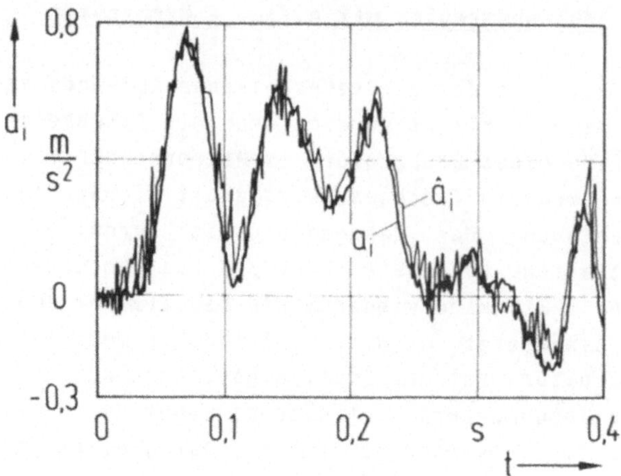

Bild 7.29:   Gemessene und beobachtete Tischbeschleunigung

Aufgrund der ungünstigen Eigenschaften des a_i-Beobachters ist die hohe Geschwindigkeitsverstärkung K_v = 50s^{-1} bei gleichzeitig gutem Positionierverhalten nicht mehr zu verwirklichen.

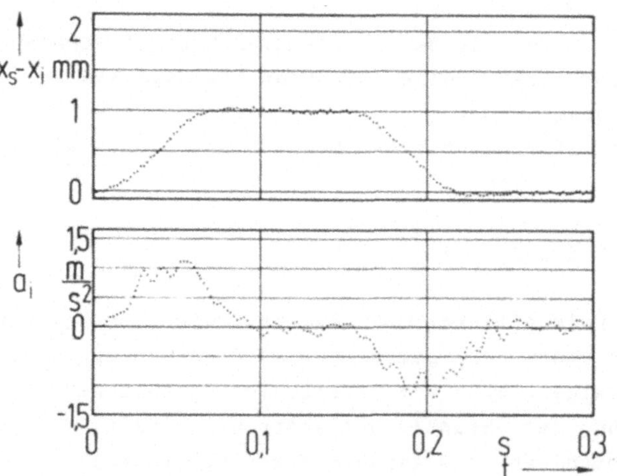

Bild 7.30: Verlauf von Regeldifferenz $x_s - x_i$ (oben) und Tischbeschleunigung a_i (unten). K_v= 50 s^{-1}

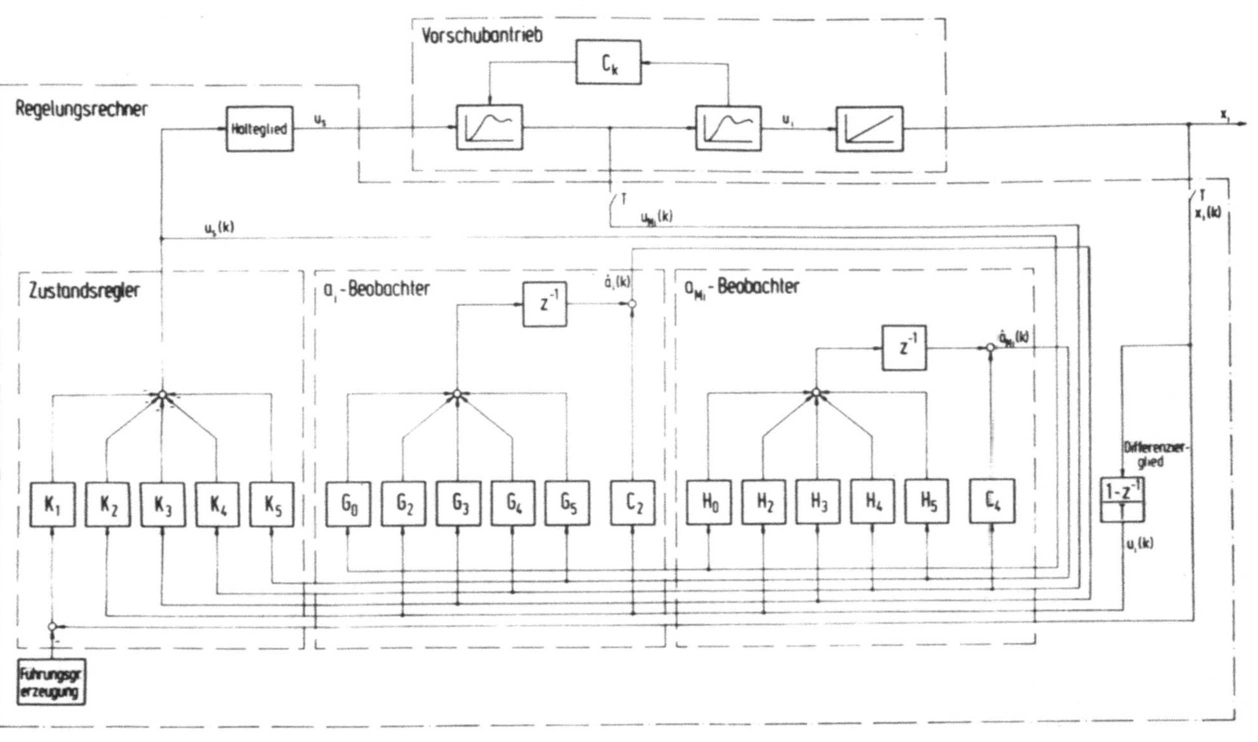

Bild 7.28: Regelsystem mit Zustandsregler 5. Ordnung und a_{Mi}/a_i-Beobachter

Der Verlauf der Regeldifferenz $x_s - x_i$ und der Tischbeschleunigung in __Bild 7.30__ machen deutlich, daß bei einem
Entwurf des Zustandsreglers auf diese Geschwindigkeitsverstärkung der Regelkreis nicht mehr ausreichend gedämpft ist.
Erst ein Reglerentwurf für eine Geschwindigkeitsverstärkung
$K_v = 37\ s^{-1}$, __Bild 7.31,__ führt zu einem gut gedämpften Einfahren in die Endposition.

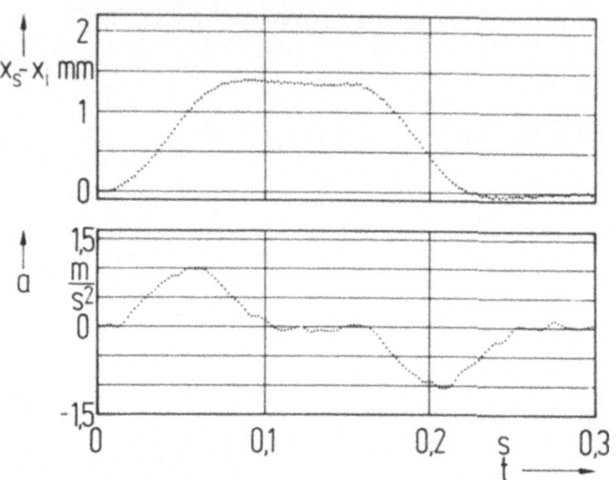

__Bild 7.31:__ Verlauf von Regeldifferenz $x_s - x_i$ (oben) und
Tischbeschleunigung a_i (unten). $K_v = 37\ s^{-1}$)

7.2.4 __Beschleunigungsrückführung__

Nach den Ausführungen in Kapitel 6 läßt sich innerhalb be-
stimmter Grenzen ein gut gedämpftes Positionierverhalten
nur durch Aufschalten der Tischbeschleunigung a_i zusätzlich
zur Tischposition x_i erreichen. Insbesondere bei Messung
der Tischbeschleunigung ergibt sich hier eine sehr einfache
Struktur der Regelung, __Bild 7.32,__ die auch ohne aufwendige
Regeleinrichtung zu realisieren ist.
Entsprechend liegt hier der Aufwand zur Inbetriebnahme bzw.
Optimierung sehr niedrig, da diese ohne vorhergehende Modellbildung durch Parameteroptimierung erfolgen kann.

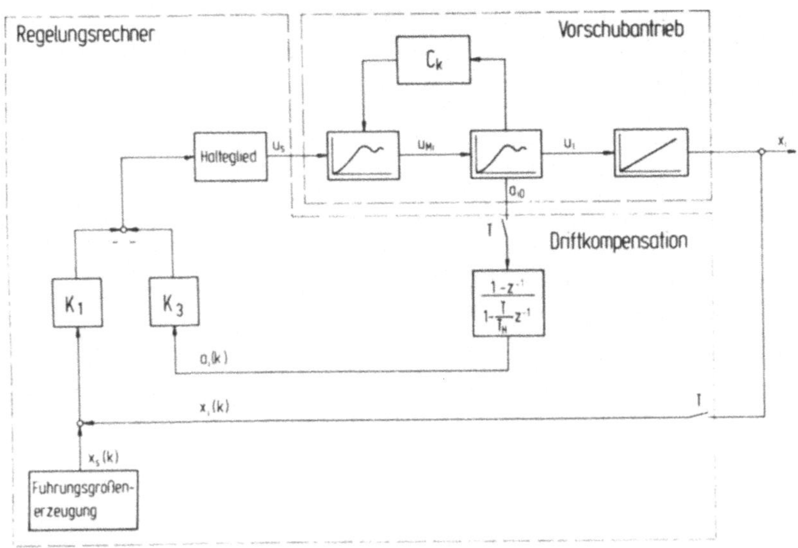

Bild 7.32: Beschleunigungsaufschaltung

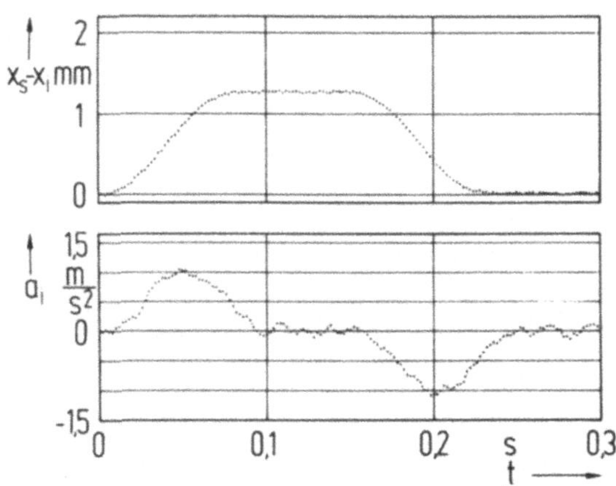

Bild 7.33: Regeldifferenz $x_s - x_i$ (oben) und Tischbeschleunigung a_i (unten) für das Regelsystem nach Bild
7.32 (Geschwindigkeitsverstärkung: $K_v = 39 \, s^{-1}$)

Wie **Bild 7.33** zeigt, kann mit Hilfe der Regelung nach Bild 7.32 eine Geschwindigkeitsverstärkung von $K_v = 39\ s^{-1}$ bei nahezu überschwingfreiem Einfahren in die Endposition erreicht werden.

7.2.5   Beschleunigungsrückführung mit a_i - Beobachter

Gemäß Abschnitt 7.2.3 kann zur Erfassung der Tischbeschleunigung a_i ein reduzierter Beobachter eingesetzt werden. Dieser Beobachter gestaltet sich sehr einfach, da das dynamische Modell der mechanischen Übertragungsglieder vom Übertragungsverhalten des Drehzahlregelkreises nicht beeinflußt wird, (s. a. Bild 4.1).

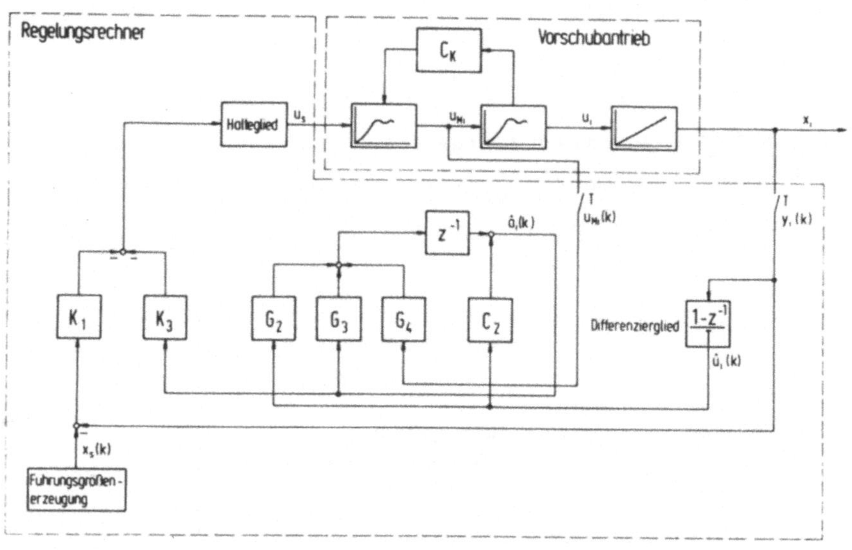

Bild 7.34: Regelsystem mit Beschleunigungsrückführung und reduziertem Beobachter 1. Ordnung

Wird die Tischgeschwindigkeit u_i durch diskrete Differentiation aus dem Lage-Istwert x_i berechnet, so ergibt sich die Tischbeschleunigung a_i zu

$$\hat{a}_i(k) = C_2 \, u_i(k) + x_v(k-1) \qquad\qquad (7.14)$$

$$x_v(k) = G_2 \, u_i(k) + G_3 \, \hat{a}_i(k) + G_4 \, u_{Mi}(k). \qquad\qquad (7.15)$$

Entsprechend kann die Struktur der Regelung durch das Blockschaltbild nach <u>Bild 7.34</u> angegeben werden.
Die Optimierung des Beobachters hinsichtlich geringer Störempfindlichkeiten bei gleichzeitig guter Dynamik, führt wiederum zu einem Pol bei z = 0,5.
Auch hier muß aufgrund der Beobachter-Eigendynamik die Geschwindigkeitsverstärkung reduziert werden, um ein überschwingfreies Einfahren in die Endposition zu erreichen. <u>Bild 7.35</u> zeigt hierzu den Positioniervorgang für eine Geschwindigkeitsverstärkung $K_v = 34 \ \mathrm{s}^{-1}$.

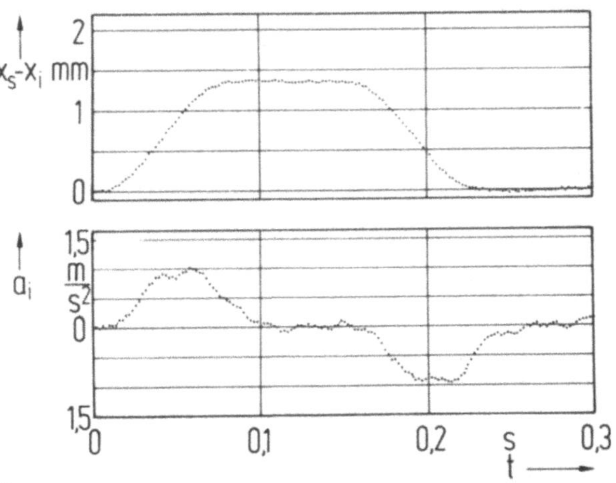

<u>Bild 7.35:</u> Regeldifferenz x_s-x_i (oben) und Tischbeschleunigung a_i (unten) für die optimierte Regelung nach Bild 7.34 (Geschwindigkeitsverstärkung: $K_v = 34 \mathrm{s}^{-1}$)

7.2.6   <u>Konventionelle P-Lageregelung</u>

Zur Verdeutlichung der Leistungsfähigkeit der untersuchten
Regelungen soll abschließend der Vorschubantrieb mit einem
konventionellen Proportional-Lageregler betrieben werden.
Dieser Reglertyp ist bei Werkzeugmaschinen und Industrierobotern gegenwärtig noch Stand der Technik.
Bereits im Verlauf der Wurzelortskurven für die Regelung
mit Beschleunigungsrückführung,(Bild 3.2) läßt sich erkennen, daß ein reiner Proportionalregler immer eine entdämp-
fende Wirkung auf die Pole der Regelstrecke ausübt, was
insbesondere bei Regelstrecken mit ohnehin geringer Dämpfung
nur zu einem unbefriedigenden Positionierverhalten führt.

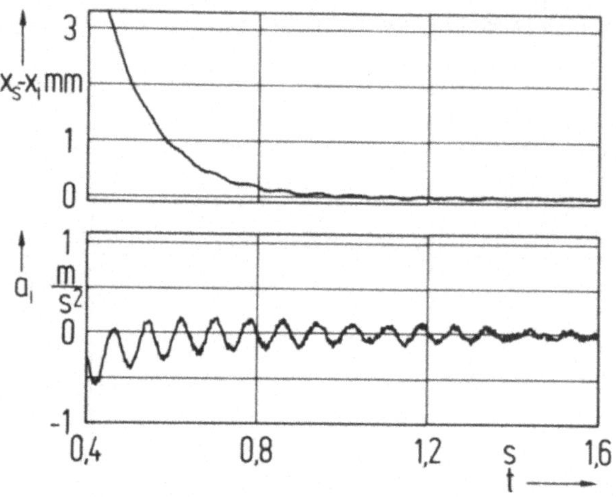

<u>Bild 7.36</u>: Verlauf der Regeldifferenz x_s-x_i (oben) und
der Tischbeschleunigung (unten) bei konventio-
neller Proportional-Lageregelung (Geschwindigkeitsverstärkung: $K_v = 6\ s^{-1}$)

Wie <u>Bild 7.36</u> zeigt, ist der Regelkreis selbst bei einer
sehr niedrigen Geschwindigkeitsverstärkung von $K_v = 6\ s^{-1}$
nahezu instabil.

Bereits geringfügige Störmomente bzw. Änderungen im Verlauf der Führungsgröße haben ein rasches Aufklingen der Schwingung des mechanischen Systems zur Folge.
Aufgrund der geringen Geschwindigkeitsverstärkung ist die Regelung nicht in der Lage, dem Verlauf der Führungsgröße zu folgen.

7.2.7 Bewertung der untersuchten Regelungen

In diesem Abschnitt wurden verschiedene Konzepte zur Lageregelung von Bewegungsachsen mit einer ausgeprägten, schwach gedämpften mechanischen Resonanzstelle untersucht und an einer Versuchseinheit erprobt. Die hierbei untersuchten Regelungen waren zum einen Zustandsregler und zum anderen eine Beschleunigungsaufschaltung, wobei je nachdem, welche Zustandsgrößen meßtechnisch erfaßt wurden, verschiedene reduzierte Beobachter zur Rekonstruktion nicht gemessener Zustandsgrößen eingesetzt wurden. Die Regelgüte wurde dabei anhand von Kennwerten des jeweils optimalen Positioniervorganges beurteilt. Außerdem wurden zur Bewertung der Regelung noch der Realisierungs- und Inbetriebnahmeaufwand herangezogen.
Wie die Ergebnisse zeigen, führen grundsätzlich alle Regelungen zu einer wirksamen Verbesserung des dynamischen Verhaltens gegenüber der konventionellen Proportional-Lageregelung. Welche Regelstruktur letztlich bevorzugt wird, ist abhängig vom jeweiligen Anwendungsfall:

- Soll die Beurteilung ausschließlich nach dynamischen Gesichtspunkten erfolgen, so ist dem Zustandsregler mit u_i/a_{Mi}-Beobachter der Vorzug zu geben, Tabelle 7.3.

- Die geringste Geschwindigkeitsverstärkung läßt sich dann erreichen, wenn die Tischbeschleunigung nicht gemessen, sondern beobachtet wird (Regelung Nr.3 und Nr.5), unabhängig davon, ob alle Zustandsgrößen rückgeführt werden oder nicht.

Nr.	Regelung	$K_{v,opt}$	$\ddot{u}_a/\mu m$	Gerätetechnik	AR-OP	Inbetriebnahme Aufwand
1	ZR-5 + u_i/a_{Mi}-Beobachter	$53s^{-1}$	15	BS, T	35	groß
2	ZR-5 + a_{Mi}-Beobachter	$51s^{-1}$	20	BS, T	25	weniger groß
3	ZR-5 + a_i/a_{Mi}-Beobachter	$37s^{-1}$	-0	T	33	groß
4	BA	$39s^{-1}$	--	BS	7	gering
5	BA + a_i-Beobachter	$34s^{-1}$	--	T	15	mittel
6	P - R	$(\,<6s^{-1})$	--	--	2	sehr gering

ZR-5 : Zustandsregler 5. Ordnung;   BA : Beschleunigungsaufschaltung;

P-R : Proportional-Lageregler;   BS : Beschleunigungssensor;   T : Tachogenerator;

AR-OP : Anzahl der arithmetischen Operationen

<u>**Tabelle 4.7:**</u> Vergleich der Regelungen

Gerade aber diese Regelungen zeichnen sich durch einen geringen gerätetechnischen Aufwand aus, was diese sowohl wirtschaftlich interessant macht als auch die Zuverlässigkeit des Systems steigert. Weiterhin beeinflußt die Anzahl der vom Mikrorechner innerhalb eines Abtastintervalls abzuarbeitenden arithmetischen Rechenoperationen unmittelbar die Leistungsfähigkeit des Mikroprozessors, so daß die Einsparung eines Sensors durch einen aufwendigen Beobachteralgorithmus u.U. durch einen schnellen und damit teuren Mikroprozessor erkauft werden muß. Günstige Lösungen sind in jedem Fall die Regelungen mit Beschleunigungsaufschaltung (Nr.4 und Nr.5), wobei bei Rückführung der gemessenen Beschleunigung a_i nur eine geringe Minderung der Geschwindigkeitsverstärkung gegenüber der vollständigen Zustandsregelung (Regelung Nr.4) auf eine exakte Identifikation der Regelstrecke verzichtet werden kann, vereinfacht sich die Optimierung und damit die Inbetriebnahme der Regelung erheblich.

8   <u>Zusammenfassung</u>

Die theoretischen und experimentellen Ergebnisse haben gezeigt, daß digitale Lageregelungen mit erweiterter Struktur immer vorteilhaft einsetzbar sind, wenn aufgrund einer "weichen" Mechanik die herkömmliche Kaskadenstruktur mit Proportional-Lageregler und PI-Geschwindigkeitsregler zu einem unbefriedigenden Bahnverhalten der betreffenden NC-Arbeitsmaschine führt.

Das dynamische Verhalten von Bewegungsachsen mit schwingungsfähigen mechanischen Übertragungsgliedern ist unter der Voraussetzung, daß nur eine dominierende mechanische Resonanzstelle vorherrscht, sowohl mit einer vollständigen Zustandsregelung als auch mit Hilfe einer Teilzustandsgrößenrückführung wesentlich zu verbessern. Sind weitere mechanische Resonanzstellen nicht vernachlässigbar, so sind diese durch eine Erweiterung des Modellansatzes mit Hilfe einer entsprechend erweiterten Zustandsregelung zu berücksichtigen.

Der Entwurf von Zustandsregelungen kann durch verschiedene Verfahren erfolgen, die alle ein mehr oder weniger genaues Modell der Regelstrecke voraussetzen. Abweichungen des Modells vom realen System, d.h. Struktur- und Parameterfehler bestimmen im wesentlichen die mögliche Bandbreite der Regelung und erst sekundär die Begrenzung der Stellenergie. Diese Grenze ist durch das Entwurfsverfahren beeinflußbar. Als geeignetes Verfahren erweist sich hier das Parameterraumverfahren /30/, mit dessen Hilfe gezielt Parameterfehler berücksichtigt werden können, günstig allerdings nur für Regler niedriger Ordnung ($n \leq 5$).

Wie ferner gezeigt werden konnte, kann beim Reglerentwurf mit Hilfe eines quadratischen Gütekriteriums durch geeignete Wahl der Gewichtungsfaktoren ebenfalls eine geringe Parameterempfindlichkeit bei gut gedämpftem Einschwingverhalten und hoher Bandbreite des Regelkreises erzielt werden. Dieses

Verfahren weist darüber hinaus den Vorteil auf, daß sich die Entwurfsaufgabe bei den untersuchten Regelstrecken im wesentlichen auf die Bestimmung zweier Gewichtungsfaktoren erstreckt und die Inbetriebnahme der Regelung daher sehr schnell erfolgen kann.

Die Regelungen sind in einem 16 bit-Mikrorechner realisiert und in vorhandene Strukturen integrierbar, ohne daß zwingend in die Struktur der CNC bzw. in die der Vorschubantriebe eingegriffen werden muß. Hard- und Softwareaufwand der Regelung ist durch die Wahl der Regler- bzw. Beobachterstruktur beeinflußbar.

Schrifttum

/1/ Schmid, D. :   Numerische Bahnsteuerung. Berlin,
                          Heidelberg, New York: Springer-Ver-
                          lag, 1972

/2/ Stof, P. :   Untersuchungen über die Reduzierung
                          dynamischer Bahnabweichungen bei nume-
                          risch gesteuerten Werkzeugmaschinen.
                          Berlin, Heidelberg, New York: Sprin-
                          ger-Verlag, 1978

/3/ Boelke, K. :   Beitrag zur Analyse und Beurteilung
                          von Lagesteuerungen für numerisch ge-
                          steuerte Werkzeugmaschinen. Berlin,
                          Heidelberg, New York: Springer-Verlag
                          1977

/4/ Stute, G.;   Digitale Lageregelung an numerisch
    Hesselbach, J.;   gesteuerten Maschinen für Hochge-
    Swoboda, W.:   schwindigkeitsbearbeitung.
                          13th CIRP International Seminar
                          "Microprocessors in Manufacturing
                          Systems",
                          Leuven, 23-24 June 1981

/5/ Swoboda, W. :   Optimierung von Lageregelkreisen
                          in "Die Lageregelung an numerisch
                          gesteuerten Maschinen".
                          Umdruck zum Seminar vom 11.-14. April
                          1984
                          Hrsg.: A. Storr
                          Stuttgart: Selbstverlag Verein der
                          Freunde und ehemaligen Mitarbeiter des
                          ISW der Univerität Stgt e.V., April
                          1984

/6/ Juen, G. ;   Regelung der Azimutbewegung eines 30m-
    Zeitz, M. :   Radioteleskops.
                       Regelungstechnik 31 (1983) Heft 3,
                       S. 81-87 und Heft 4, S. 132-137

/7/ Hesselbach, J. :   Digitale Lageregelung an numerisch
                       gesteuerten Fertigungseinrichtungen
                       Berlin, Heidelberg, New York:
                       Springer-Verlag 1981

/8/ Swoboda, W. :   Digitale Zustands-Lageregelung an
                       NC-Maschinen mit schwingungsfähiger
                       Mechanik. Essen: Girardet-Verlag,
                       Loseblattsammlung (Blatt 83/30), 1983

/9/ Hopfengärtner,H. :Lageregelung schwingungsfähiger Ser-
                       vosysteme am Beispiel eines Indu-
                       strieroboters. Regelungstechnik 29
                       (1981) Heft 1, S. 3 - 10

/10/ Ackermann, J. :   Abtastregelung Band 1: Analyse und
                       Synthese. Berlin, Heidelberg, New
                       York: Springer-Verlag 1983

/11/ Swoboda, W.   Anwendung der Zustandsregelung in
                       Systemen mit elastischer Struktur
                       in "Steuern und Regeln von numerisch
                       gesteuerten Fertigungseinrichtungen".
                       Umdruck zum Seminar vom 24.-27.09.1986
                       Hrsg.: G. Pritschow
                       Selbstverlag des ISW, Stuttgart 1986

/12/ Raatz, E. :   Der Einfluß von elastischen Über-
                       tragungselementen auf die Dynamik
                       geregelter Antriebe.
                       Techn. Mitteilungen AEG-Telefunken
                       63 (1973), S. 205-209

/13/ Tröndle, H.P. :   Regelung einer Spiegelantenne.
                       Siemens Forschungs- und Entwicklungs-
                       berichte 4 (1975) Nr 2, S. 75-80

/14/ Oberhaus, E.R.;   Regelung von Hinterachsgetriebeprüf-
     v. Thun, H. J.:   stände.
                       IFAC Symposium, Düsseldorf 1974 S.
                       317-330

/15/ Weihrich, G. :   Drehzahlregelung von Gleichstrom-
                       antrieben unter Verwendung eines
                       Zustands- und Störgrößen-Beobachters.
                       Regelungstechnik 26 (1978) Heft 11,
                       S. 349-354 und Heft 12, S.392- 397.

/16/ Andersen, T. ;   Acceleration feedback applied to the
     Zurbuchen, R. :   3,6 m telescope servosystem.
                       ESO technical report CS 75-6 (1975)

/17/ Juen, G. ;   Zustandsregelung von elastischen An-
     Zeitz, M. :   trieben mit Beschleunigungsrückfüh-
                       rung. Regelungstechnik 32 (1984) Heft
                       6, S. 201-206

/18/ Föllinger, O. :   Regelungstechnik: Einführung in die
                       Methoden und ihre Anwendung.
                       Berlin, Frankfurt a. M.: AEG-Telefun-
                       ken AG, 3. Aufl.1980

/19/ Luenberger,D.G.:   Observing the State of a Linear Sy-
                       stem. IEEE Trans. on Military Elec-
                       tronics (1984) Nr. 8, S. 74-80

/20/ Kalman, R. E. ;   Optimal synthesis of linear sampling
     Koepke, R. W. :   control systems using generalized per-
                       formance indexes.
                       Trans. ASME (1958) Nr. 80, S.1820-1826

-138-

/21/ Isermann, R. :   Digitale Regelsysteme.
Berlin, Heidelberg, New York:
Springer-Verlag, 1977

/22/ Kuo. F. F. :   Network Analysis and Synthesis.
New York: Wiley & Sons Inc. 2nd
ed., 1966

/23/ Ernst, D. ;   Industrieelektronik.
Ströle, D. :   Berlin, Heidelberg, New York: Springer-Verlag,1973

/24/ Franke, D. :   Entwurf robuster Regelungssysteme
mittels zustandsabhängiger Struktur-
änderung.
Regelungstechnik 29 (1981) Heft 4,
S. 119-125

/25/ Becker, C. :   Beschreibung strukturvariabler Rege-
lungssysteme als eine spezielle
Klasse bilinearer Systeme.
Regelungstechnik 25 (1977) Heft 11,
S. 364-366

/26/ Becker, C. :   Synthese strukturvariabler Regelungssysteme mit Hilfe von Ljapunov-Funk-
tionen.
Stuttgart: Hochschulverlag, 1979

/27/ Breinl, W. :   Entwurf eines parameterunempfindlichen Reglers am Beispiel der Magnet-
schwebebahn.
Regelungstechnik 28 (1980) Heft 3,
S. 87-92

/28/ Frank, P. M. :   Empfindlichkeitsanalyse dynamischer
                       Systeme.
                       München, Wien: R. Oldenbourg-Ver-
                       lag 1976

/29/ Heger, F. :   Entwurf robuster Regelungen anhand
                       des dynamischen Regelfaktors.
                       2. Workshop "Robuste Regelungen",
                       Interlaken, 1981

/30/ Ackermann, J. :   Abtastregelung Bd. 2: Entwurf ro-
                       buster Systeme
                       Berlin, Heidelberg, New York: Sprin-
                       ger-Verlag, 1983

/31/ Lindorf, D. P. : Theorie of Sampled-Data Control Sy-
                       stems.
                       New York: John Wiley Verlag, 1981

/32/ Krishnan, K.R. ; Design of Robust Linear Regulator with
     Brzezowski, S. : Prescribed Trajectory Insensitivity to
                       Parameter Variations.
                       IEEE Transactions on Automatic Con-
                       trol, Vol. AC-23, No. 30, 1978

/33/ Herold, H. H. ;   Die numerische Steuerung in der Ferti-
     Maßberg, W. ;   gungstechnik.
     Stute, G. :   Düsseldorf: VDI-Verlag 1971

/34/ Levine, W. S. ;   On the Determination of the Optimal
     Athans, M. :   Constant Output Feedback Gains for
                       Linear Multivariable Systems.
                       IEEE Transactions on Automatic Con-
                       trol, Vol Ac-15 (1970), S. 44-48

/35/ Kuhn, U. :   Ein neuer Weg zur Bestimmung einer op-
                        timalen Ausgangsrückführung für die
                        Regelung linearer Systeme.
                        Automatisierungstechnik 33 (1985)
                        Heft 33, S. 89-93

/36/ Harig, K. :   Quantisierung im Lageregelkreis.
                        In "Regelung an Werkzeugmaschinen-
                        Umdruck zum Seminar"
                        Selbstverlag der Freunde und ehema-
                        ligen Mitarbeiter des ISW, Stuttgart
                        1983

/37/ Hippe, P. :   Der Entwurf von Zustandsreglern unter
                        dem Gesichtspunkt minimaler Regleremp-
                        findlichkeit.
                        Erlangen: Dissertation 1976

/38/ Harig, K. :   Rechnergestützte Identifikation und
                        Reglereinstellung an Vorschubantrie-
                        ben.
                        Essen: Girardet Verlag, Loseblatt-
                        sammlung (Blatt 82/55), 1982

/39/ Buxbaum, A. ,   Berechnungen von Regelkreisen in der
     Schierau, K. :   Antriebstechnik.
                        Berlin: Elitera-Verlag, 1974

/40/ Stute, G.(Hrsg):   Regelung an Werkzeugmaschinen.
                        München, Wien: Carl Hanser Verlag 1981

/41/ Stute, G.;
     Swoboda, W.:
Digitale Lageregelung mit Zustands-
reglern an NC-Maschinen mit elastisch
gekoppelten Übertragungsgliedern.
In "Beiträge zur Weiterentwicklung der
Automatisierungstechnik": Vorträge
anläßlich eines Kolloquiums im IPK
der TU Berlin am 17./19. Febr. 1982.
Hrsg.: G. Spur, ...
München, Wien: Carl Hanser-Verlag 1981

/42/ Gross, H.;
     Stute, G.:
Elektrische Vorschubantriebe für
Werkzeugmaschinen.
Berlin, München: Siemens-AG:1981

ISW Forschung und Praxis

Berichte aus dem Institut für Steuerungstechnik der Werkzeugmaschinen und Fertigungseinrichtungen der Universität Stuttgart

Herausgegeben bis Band 57 von Prof. Dr.-Ing. G. Stute †
ab Band 58 Prof. Dr.-Ing. G. Pritschow

ISW 26: L. Schenke, Auslegung einer technologisch-geometrischen Grenzregelung für die Fräsbearbeitung, 113 S., 1979

ISW 27: H. Wörn, Numerische Steuersysteme-Aufbau und Schnittstellen eines Mehrprozessorsteuersystems, 141 S., 1979

ISW 28: P. B. Osofisan, Verbesserung des Datenflusses beim fünfachsigen NC-Fräsen, 104 S., 1979

ISW 29: J. Berner, Verknüpfung fertigungstechnischer NC-Programmiersysteme, 101 S., 1979

ISW 30: K.-H. Böbel, Rechnerunterstütze Auslegung von Vorschubantrieben, 113 S., 1979

ISW 31: W. Dreher, NC-gerechte Beschreibung von Werkstücken in fertigungstechnisch orientierten Programmiersystemen, 105 S., 1980

ISW 32: R. Schurr, Rechnerunterstützte Projektierung hydrostatischer Anlagen, 115 S., 1981

ISW 33: W. Sielaff, Fünfachsiges NC-Umfangsfräsen verwundener Regelflächen. Beitrag zur Technologie und Teileprogrammierung, 97 S., 1981

ISW 34: J. Hesselbach, Digitale Lageregelung an numerisch gesteuerten Fertigungseinrichtungen, 111 S., 1981

ISW 35: P. Fischer, Rechnerunterstützte Erstellung von Schaltplänen am Beispiel der automatischen Hydraulikplanzeichnung, 111 S., 1981

ISW 36: U. Ackermann, Rechnerunterstützte Auswahl elektrischer Antriebe für spanende Werkzeugmaschinen, 118 S., 1981

ISW 37: W. Döttling, Flexible Fertigungssysteme – Steuerung und Überwachung des Fertigungsablaufs, 105 S., 1981

ISW 38: J. Firnau, Flexible Fertigungssysteme – Entwicklung und Erprobung eines zentralen Steuersystems, 112 S., 1982

ISW 39: A. Herrscher, Flexible Fertigungssysteme – Entwurf und Realisierung prozeßnaher Steuerungsfunktionen, 103 S., 1982

ISW 40: U. Spieth, Numerische Steuersysteme – Hardwareaufbau und Ablaufsteuerung eines Mehrprozessorsteuersystems, 115 S., 1982.

ISW 41: A. Schimmele, Rechnerunterstützter Entwurf von Funktionssteuerungen für Fertigungseinrichtungen, 106 S., 1982

ISW 42: M. Sanzenbacher, NC-gerechte Beschreibung von Werkstücken mit gekrümmten Flächen, 105 S., 1982.

ISW 43: W. Walter, Interaktive NC-Programmierung von Werkstücken mit gekrümmten Flächen, 112 S., 1982.

ISW 44: J. Huan, Bahnregelung zur Bahnerzeugung an numerisch gesteuerten Werkzeugmaschinen, 95 S., 1982.

ISW 45: H. Erne, Taktile Sensorführung für Handhabungseinrichtungen – Systematik und Auslegung der Steuerungen, 111 S., 1982.

ISW 46: D. Plasch, Numerische Steuersysteme – Standardisierte Softwareschnittstellen in Mehrprozessor-Steuersystemen, 112 S., 1983

ISW 47: Z. L. Wang, NC-Programmierung – Maschinennaher Einsatz von fertigungstechnisch orientierten Programmiersystemen, 103 S., 1983

ISW 48: J. Schwager, Diagnose steuerungsexterner Fehler an Fertigungseinrichtungen, 121 S., 1983

ISW 49: P. Klemm, Strukturierung von flexiblen Bediensystemen für numerische Steuerungen, 113 S., 1984

ISW 50: W. Runge, Simulation des dynamischen Verhaltens elektrohydraulischer Schaltungen – Einsatz von geräteorientierten, universellen Simulationsbausteinen, 132 S., 1984

ISW 51: H. Steinhilber, Planung und Realisierung von Werkzeugversorgungssystemen für die NC-Bearbeitung, 126 S., 1984

ISW 52: R. Ohnheiser, Integrierte Erstellung numerischer Steuerdaten für flexible Fertigungssysteme, 115 S., 1984

ISW 53: M. Keppeler, Führungsgrößenerzeugung für numerisch bahngesteuerte Industrieroboter, 125 S., 1984

ISW 54: P. Kohler, Automatisiertes Messen mit NC-Werkzeugmaschinen, 129 S., 1985

ISW 55: K.-H. Rieger, Rechnerunterstützte Projektierung der Hardware und Software von speicherprogrammierten Steuerungen, 123 S., 1985

ISW 56: G. Vogt, Digitale Regelung von Asynchronmotoren für numerisch gesteuerte Fertigungseinrichtungen, 126 S., 1985

ISW 57: S. Chmielnicki, Flexible Fertigungssysteme – Simulation der Prozesse als Hilfsmittel zur Planung und zum Test von Steuerprogrammen, 120 S., 1985

ISW 58: W. Renn, Struktur und Aufbau prozeßnaher Steuergeräte zur Verkettung in flexiblen Fertigungssystemen, 137 S., 1986

ISW 59: K. Harig, Quantisierung im Lageregelkreis numerisch gesteuerter Fertigungseinrichtungen, 113 S., 1986

ISW 60: H. Frank, Programmier- und Überwachungsfunktionen für teileartbezogene NC-Werkzeugmaschinen, 115 S., 1986

ISW 61: H. Möller, Integrierte Überwachungs- und Diagnose-Systeme für numerische Steuerungen, 131 S., 1986

ISW 62: H. Fink, Einsatz speicherprogrammierbarer Steuerungen in der Fertigungstechnik, 126 S., 1986

ISW 63: J. Fleckenstein, Zustandsgraphen für SPS – Grafikunterstützte Programmierung und steuerungsunabhängige Darstellung, 139 S., 1987

ISW 64: E. Wagner, Steuerung von Koordinatenmeßgeräten mit schaltenden und messenden Tastsystemen, 133 S., 1987

ISW 65: W. Grimm, Diagnosesystem für steuerungsperiphere Fehler an Fertigungseinrichtungen, 143 S., 1987

ISW 66: W. Swoboda, Digitale Lageregelung für Maschinen mit schwach gedämpften schwingungsfähigen Bewegungsachsen, 141 S., 1987

Die Bände ISW 1 bis ISW 48 sind vergriffen.

Springer-Verlag
Berlin Heidelberg New York Tokyo